U0098375

新手零失敗
一次學會人氣常溫蛋糕
基礎&裝飾變化

郭士弘——作者
蕭維剛——攝影

11種糕體變化×裝飾技巧×夾餡淋面
成功做出瑪德蓮、費南雪、磅蛋糕、咕咕霍夫、鬆餅、烏比派……等，
50款超人氣歐美常溫蛋糕

作者序

輕鬆揮灑魔法，做出美味又漂亮的常溫蛋糕！

常溫蛋糕應該是我最常做的甜點！為什麼常做呢？因為它「美味又方便」。常溫蛋糕的好處是保存方式便利且方便攜帶。空閒的時候，我經常做些甜點，例如：瑪德蓮、費南雪、磅蛋糕……等，方便老婆和女兒可以帶出門當下午的點心；參加朋友聚會時，我也很喜歡帶老奶奶檸檬蛋糕或是布朗尼與大家一起享用，這些甜點除了好吃之外，最重要的是，路程上都不需冷藏，真的很方便。

許多人相當熱衷於野餐及露營，漂亮的甜點當然是不可缺席的角色。我經常被問到：「野餐適合帶什麼甜點？」「露營要慶生，可以帶什麼蛋糕？」在沒有冰箱的戶外區域，常溫蛋糕就是最佳選擇！

常溫蛋糕種類繁多，也可以做出許多變化，我想要分享觀念給大家：「常溫蛋糕是烘焙蛋糕的入門首選，而且做甜點真的不麻煩，只要透過幾個簡單步驟，就可以完成美味的蛋糕。」這本書從常見、受歡迎的基礎款開始教起，進而變化出多款裝飾或夾心精巧的升級版，從平時吃的點心，到可以送禮的蛋糕，都可以在書中學到。

書中每個步驟分解圖都拍攝十分詳細，連裝飾步驟也鉅細靡遺，即使是新手也絕對做得出來，這就是當初企劃這本書最大的用意。這次與橘子文化合作，不斷地開會反覆修改內容與方向，就是為了把最好的呈現給讀者們。最後謝謝我們工作團隊同心協力，讓這本書順利拍攝、編輯、設計編排完成，希望大家一起努力的成果，能對你有幫助，讓每個人都能輕鬆揮灑魔法，做出美味又漂亮的常溫蛋糕！

宏國德霖科技大學　餐飲廚藝系助理教授

Contents 目錄

Chapter1 基礎入門與技巧

烘焙常用的器具

烘焙需要的材料

必學的基本技巧

口感視覺加分課程

最想知道的Q&A問答

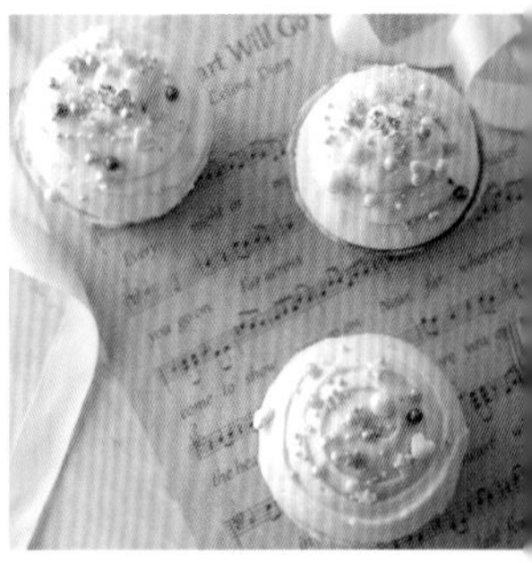

Chapter2 溫潤厚實麵糊類

瑪德蓮

費南雪

磅蛋糕

布朗尼

馬芬

咕咕霍夫蛋糕

Chapter3 蛋香綿密乳沫類

如何使用本書

甜點的中文與英文名稱。

說明這道甜點的口味與裝飾技巧。

甜點的基礎款或變化款圖示，讓你學會基礎款後，也能創造更多的變化款。

賞心悅目的甜點成品圖。

備註：基礎款與變化款差異說明

材料

- 原味瑪德蓮麵糊
  - Ⓐ 全蛋 130 克
    細砂糖 100 克
    牛奶 25 克
    動物性鮮奶油 25 克
    蜂蜜 20 克
  - Ⓑ 低筋麵粉 155 克
    泡打粉 5 克
  - Ⓒ 無鹽奶油 150 克

麵糊、裝飾材料等一覽表，
確實秤量是製作成功的基礎。

這道甜點所屬單元。

材料

- 玫瑰瑪德蓮麵糊
  - Ⓐ 全蛋 130 克
  - 細砂糖 100 克
  - 牛奶 25 克
  - 動物性鮮奶油 25 克
  - 玫瑰醬 20 克
  - Ⓑ 低筋麵粉 155 克
  - 泡打粉 5 克
  - Ⓒ 無鹽奶油 150 克
- 裝飾
  - Ⓐ 草莓巧克力（非調溫）50 克
  - Ⓑ 橘色翻糖小花 20 朵→ P.030
  - 乾草莓丁 20 克

麵糊材料中標示色字底線，即表示與基礎款麵糊之區別。

- 份量：2 盤（10 連貝殼模）
- 烤溫：上火190℃ / 下火190℃（單火190℃）
- 賞味期：室溫3 天/ 冷藏7 天

說明製作完成的甜點份量、模具尺寸、烘烤溫度、最佳賞味期限與保存方式。

＊ 底線：與基礎款麵糊之區別。

作法

- 玫瑰瑪德蓮麵糊

設計醒目的標題，讓你一目了然可立即上手。

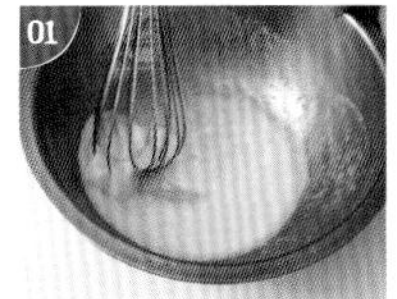

材料A全蛋、細砂糖拌勻至無顆粒。

再加入牛奶、動物性鮮奶油和玫瑰醬，拌勻。

材料B過篩後加入作法2，拌勻至無粉狀。

材料C放入小湯鍋，轉小火煮至融化，再倒入作法3，邊倒邊拌勻。

詳細的步驟圖與解說，讓你在操作過程更容易掌握重點。

043

這道甜點所屬頁碼。

- 左表為「原味瑪德蓮」麵糊材料，學會此基礎配方表後，可在配方中加入一定比例的不同食材增加風味、烤好的糕體夾餡，或表面裝飾香堤鮮奶油、融化的巧克力畫線條、營養豐富的水果等，讓甜點有更多變化與吃法。
- 上圖是「原味瑪德蓮」的變化款「花樣玫瑰草莓瑪德蓮」，在麵糊材料A加了（玫瑰醬20克），並且有一些裝飾，讓瑪德蓮變化款更有趣又好吃。

Chapter 1
基礎入門與技巧

好吃的甜點人人愛，只要花一點點時間認識常用的器材、製作技巧，例如：蛋白打發、巧克力隔水加熱、擠花嘴與擠花袋的使用等，能讓你事半功倍。

功不可沒的糕體夾餡、表面裝飾是加分課程，學會香堤鮮奶油、檸檬糖霜、翻糖壓花、巧克力裝飾片等，就有機會端出質感滿分的甜點！

Anchor
Since 1886
FP
FOOD PROFESSIONALS
Whipping Cream
Great versatility
淨容量:1升
Net Content 1 Litre

烘焙常用的器具

製作蛋糕、點心，先準備一些器具，可以讓你事半功倍，常見器具包含家電、測量、攪拌類，還有很重要的模具，有了適合的模具，將助大家製作更完美的甜點。

家電

烤箱

以高溫空氣烹調料理的家電裝置，分旋風與一般傳統式，旋風烤箱多了風扇設計（增加烤箱內對流），麵糊放入烤箱前，必須先預熱至所指定的溫度。

桌上型電動攪拌機＆打蛋器

用於材料拌勻及打發，通常球狀攪拌器鋼絲愈密集，打出來的泡沫愈細緻，挑選 1 支大小適中，使用時才會省力又方便。

均質機＆果汁機

可將食材均勻打成泥、果汁或醬汁，另外用途是促進乳化均勻，比如做巧克力及鮮奶油混合成巧克力醬時，因成分中有油脂及水分，能快速攪拌可達到良好的光澤度。

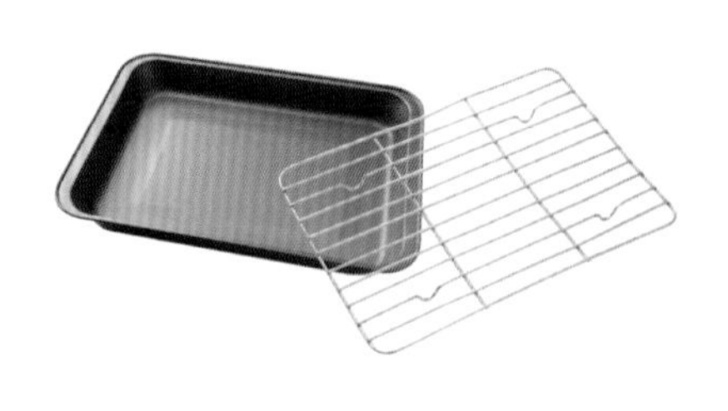

烤盤＆置涼架（烤架）

通常烤箱會附 1 組烤盤、置涼架，烤盤可裝麵糊、麵團，能均勻傳導熱能，剛烤好的糕點脫模後可放置涼架，底部鏤空設計能避免水蒸氣附著蛋糕而有濕黏。

鬆餅機

加熱方式包含電氣式、直火式 2 種，烤盤也有不同的款式，若烤盤表面有上 1 層鐵氟龍等不沾處理，則溢出的食材不容易附著，清洗時較為輕鬆。

測量＆攪拌

溫度計

有感應式、電子式 2 種，為了掌握烘焙產品的狀態及質地，需要更精準地測量溫度，比如融化巧克力，溫度太高則容易油水分離而變質。

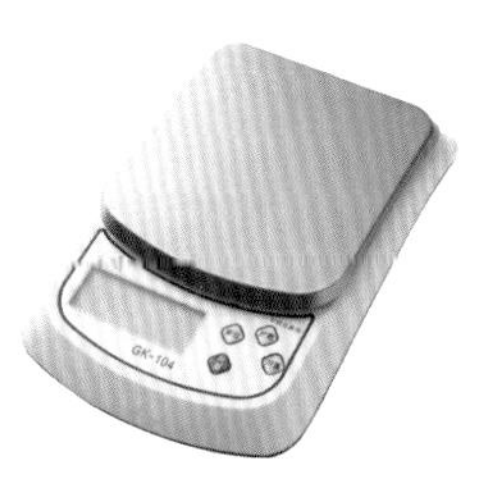

電子秤

用於秤量材料重量，挑選時以能測量至小數點為佳，因為電子秤感應器敏感，所以避免摔到，使用時必須放置水平桌面，能精準減少誤差。

矽膠刮刀

長柄的矽膠刮刀用於拌合材料，亦可刮除攪拌缸邊殘留物及抹平麵糊，選擇耐高溫材質的矽膠刮刀，還可同時做為烹煮時的攪拌工具。

鋼盆

裝盛材料及混合攪拌的容器，也適合攪拌餡料，可依需求選擇合適的尺寸，建議不鏽鋼材質為佳，耐熱又耐用。

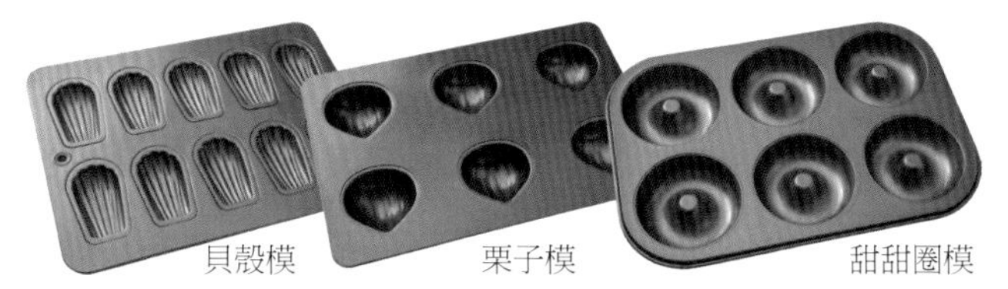

瑪德蓮模

傳統造型以貝殼形為主，後來為了變化更多造型，而出現栗子、甜甜圈模具，材質以不沾鐵氟龍為佳，不需額外塗抹奶油於模具；白鐵材質容易沾黏，使用前需要抹油撒粉，才方便脫模。

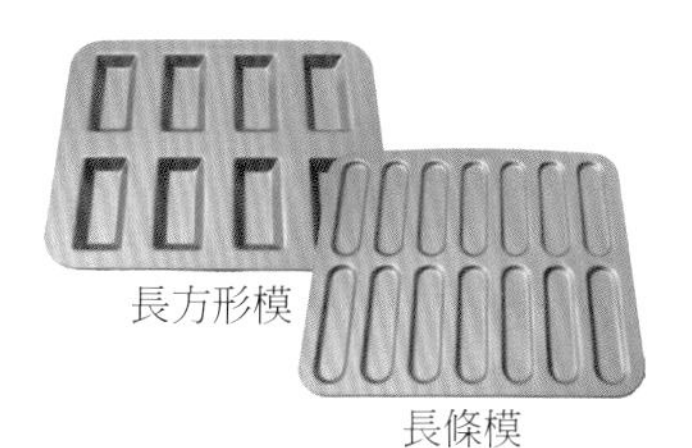

費南雪模

以長方形為傳統造型，書中另外使用長條模具製作，材質以不沾鐵氟龍為佳，不需額外塗抹奶油在模具，既省時又方便；白鐵材質容易沾黏，使用前必須抹油撒粉，較容易脫模。

圓形烤模

分不沾鐵氟龍、白鐵材質，底部有固定、分離式 2 種可挑選，若只用固定式則需鋪烘焙紙較方便脫模。蛋糕模依直徑大小之分，書中使用 6 吋、8 吋。

圓形杯模

馬芬蛋糕常使用的模具，將蛋糕紙模放於圓形杯模上方，倒入麵糊再烘烤，軟材質的紙模透過模具撐著，目的讓烘烤中的馬芬不易變形或塌陷。

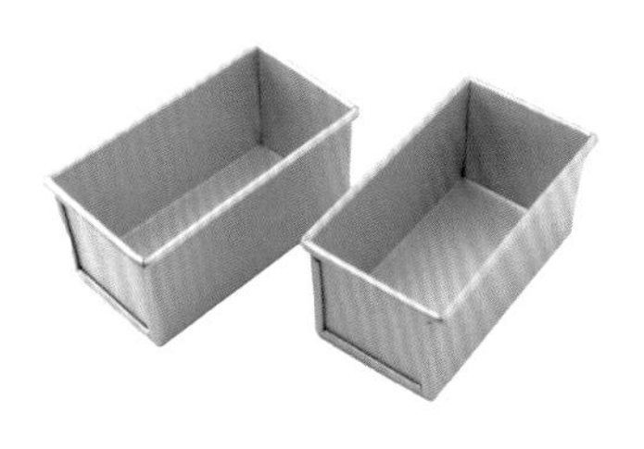

磅蛋糕模

材質以不沾鐵氟龍為佳，方便脫模，若使用白鐵材質，則需鋪烘焙紙較方便脫模，書中磅蛋糕使用此模，模具尺寸為長 17.5× 寬 8.5× 高 7cm。

圓形中空模

底部有固定和活動式 2 種，適合烘烤蛋糕，由於中空設計適合填入奶油餡或卡士達醬，書中茉莉茶香洋梨咕咕霍夫蛋糕使用此模。

正方形模

製作海綿、蜂蜜蛋糕系列常用的模具，有不同尺寸可挑選，建議挑選不沾鐵氟龍材質，比較方便脫模。

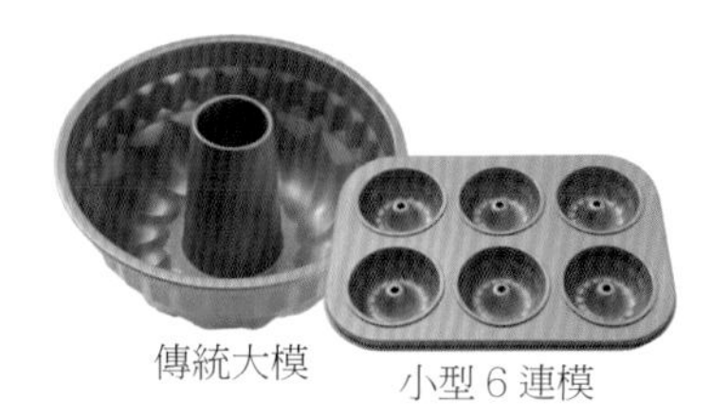

傳統大模　小型 6 連模

咕咕霍夫蛋糕模

有傳統大圓形、6 連模具 2 種，以不沾鐵氟龍材質為佳，不需額外塗抹奶油於模具；白鐵材質容易沾黏，使用前必須抹油撒粉，才容易脫模。

檸檬造型模

麵糊填入模具後烘烤，就能做出可愛的橢圓造型。材質以不沾鐵氟龍為佳，不需要額外塗抹奶油於模具；若使用白鐵材質，則先抹油撒粉，方便後續脫模。

8 吋與底盤　3.5 吋

慕斯圈

製作慕斯常用的模具，方便脫模是其特點，填入慕斯餡前，下方必須放墊片或圓盤，脫模時可使用噴槍燒慕斯圈周邊，或用熱毛巾蓋在慕斯圈周邊，就可順利脫模。

翻糖壓花模

製作翻糖小花的器具，壓模尺寸依需求添購，使用前可先沾玉米粉再壓翻糖，較不易沾黏。

其他

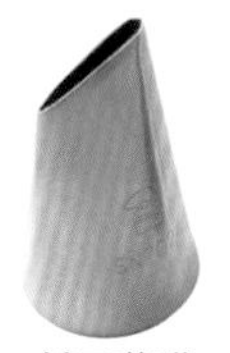

斜口花嘴

平口花嘴

菊花花嘴

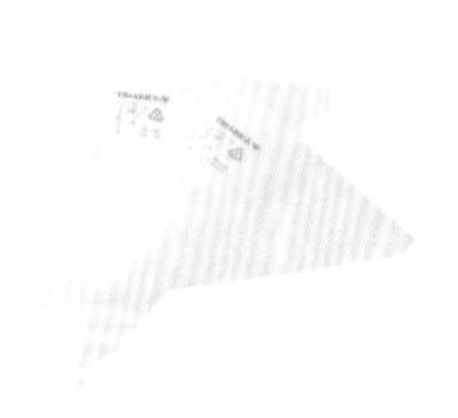

擠花嘴＆擠花袋

擠花嘴有各種尺寸及樣式，搭配擠花袋使用，經常用於擠花、裝盛麵糊等。菊花花嘴適合奶油裝飾、平口適合擠麵糊及蛋糕裝飾、斜口則擠玫瑰花。

蛋糕轉台&抹刀

蛋糕轉台用於擠花、抹面裝飾，轉台表面有防滑紋路，可增加摩擦力讓蛋糕不易滑動。抹刀長度分8、10、12寸，可依蛋糕大小選擇適合的抹刀。

篩網

粉類材料使用前都需要過篩，也適合過濾液體材料，通常較大型的篩網用來過篩，較小型使用於裝飾糖粉及可可粉。

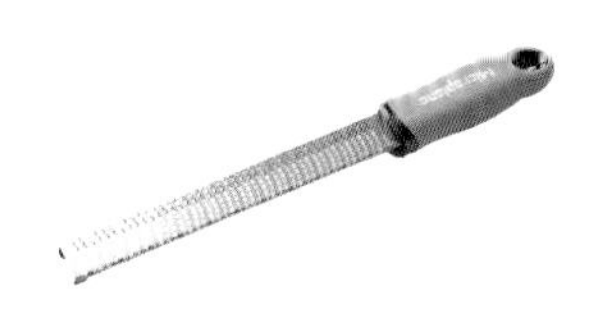

刨削器

為不銹鋼材質，手把則是木柄，常用於刨檸檬皮屑，柳橙皮屑，起司絲等，如書中使用於老奶奶檸檬蛋糕。

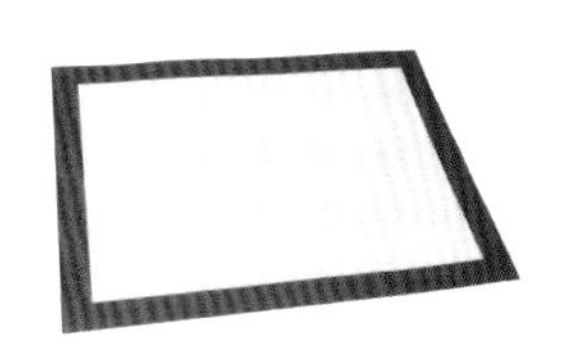

矽膠墊

有一定的張力、柔韌性、耐壓，耐高低溫（-40℃～230℃）且無異味，書中多使用於糕體裝飾時襯墊。

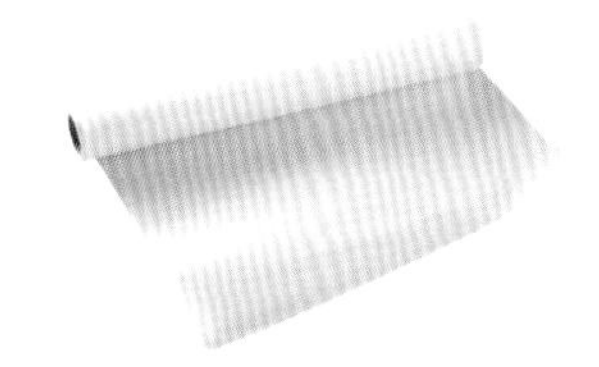

烘焙紙

烘焙紙有防油及沾黏的特性，通常用來將烤盤和食材隔開，或鋪入白鐵材質的模具，防沾黏及好脫模。

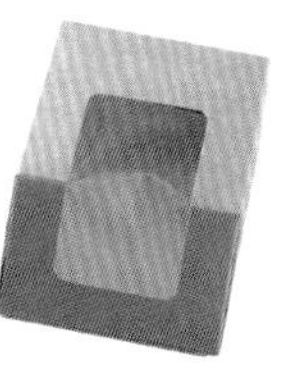

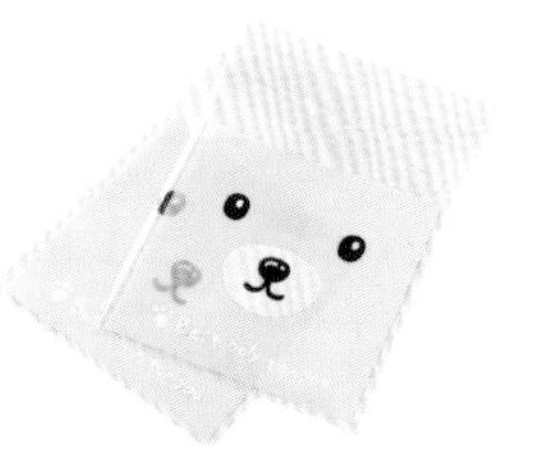

包裝盒&包裝袋

親手完成的蛋糕，你一定想分享給親友，這時候包裝材料就顯重要。平時可準備一些包裝盒、餅乾袋等包裝用品，包裝好後美觀又方便帶出。

烘焙需要的材料

做甜點前把會用的材料都備齊了，避免做到一半發現缺這缺那，然後最後很掃興地收拾，始終沒有完成任何成功的甜點，所以請花點時間好好認識常用的材料吧！

粉類

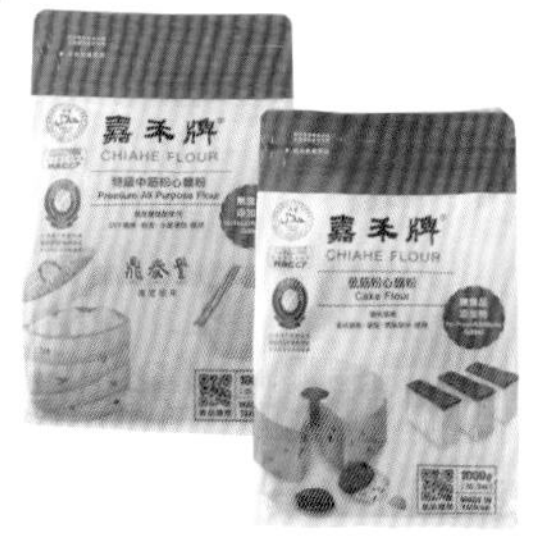

低筋麵粉＆中筋麵粉

麵粉依蛋白質含量高至低分為高筋、中筋、低筋，製作西式甜點常用低筋，但蜂蜜蛋糕則是中筋（有助糕體膨脹）。市面上也可見外包裝標示特級中筋粉心麵粉、低筋粉心麵粉，其「粉心」意指小麥最中心部位所製的麵粉，又稱粉心粉，所含灰份含量最低，顏色比較白、粉質較綿細。使用方式：低筋粉心麵粉同低筋麵粉、特級中筋粉心麵粉同中筋麵粉。

杏仁粉

由杏仁研磨加工而成的製品，常被應用於蛋糕製作中的烘焙原料，拌入麵粉中，經過烘焙能使糕點增加一些堅果香氣及鬆軟度。

玉米粉

玉米粉就是玉米澱粉，讓產品具有黏稠性，也有凝結作用，大部分用在製作餡料，有時亦搭配麵粉一起使用，調整產品的口感。

抹茶粉

抹茶為綠茶的 1 種，去除水分後磨成粉末的茶類粉， 常用於製作西式糕點，能讓糕體有茶香及麵糊口味更多變化。

可可粉

從可可豆中磨出的可可膏，經過壓榨後產生可可脂，再透過細研磨所得的粉狀物，它屬酸性，可可粉與蘇打粉混合時產生二氧化碳，可增加膨脹效果、提升蛋糕的口感及色澤。

即溶咖啡粉

咖啡豆經過焙炒後，提取咖啡成分經過乾燥而成粉末狀，廣泛使用於烘焙食品，只要加水拌勻即成。

天然色粉

紅麴粉、紫薯粉是天然著色劑，添加適量可讓麵糊染色。紅麴粉由紅麴米粉碎製成的色粉；紫薯又稱黑薯，紫色至深紫色，曬乾後可以磨成粉狀。

泡打粉

泡打粉又稱發粉，它混合蘇打粉與其他 1 種或數種酸性鹽，打麵糊時產生的二氧化碳，藉由烤箱的溫度讓烘焙食品膨脹而產生膨鬆口感。

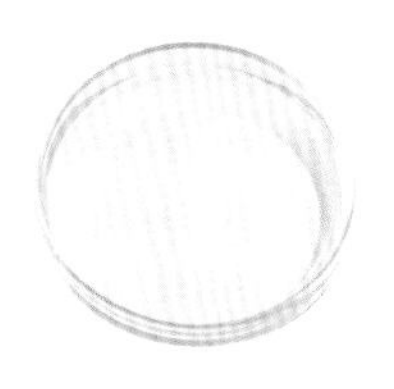

蘇打粉

蘇打粉又稱小蘇打、重曹，是弱鹼性材料，製作巧克力蛋糕時，會加少許蘇打粉，可加深顏色，看起來更黑亮。

果膠

書中使用鏡面果膠、杏桃果膠 2 種，可輪流替換，用於黏著裝飾食材或塗於蛋糕表面的水果，具附著力及增加光澤度。

吉利丁片

由動物膠製成的透明膠片，主要功用是將液體的材料凝固，使用前需泡冰水變軟，常用於製作醬料、果凍及奶酪等。

細砂糖

糖類中細砂糖最普遍使用於烘焙食品，因為顆粒較細，所以較容易溶於麵糊中，除了當甜味劑，也可用來製作焦糖。

糖粉

精製成粉末狀的糖，其甜度比細砂糖稍低，糖粉因較容易拌匀，所以常用來烘焙餅乾，亦可製作蛋白糖霜、翻糖，或篩於烘焙產品表面當裝飾。

紅糖

紅糖的製程較長，較深色的又稱黑糖，其甜度略低於細砂糖。未精煉的紅糖保留較多甘蔗的營養成分，也更容易被人體消化吸收，可稱為東方巧克力。

紅冰糖

又稱黃冰糖，用二砂糖煉製成，無漂白、無脫色，完整保存蔗糖的天然琥珀色及營養成分，可稱為糖界中的黃金。

蜂蜜

為天然糖漿，可增加麵糊甜香及滑順，因為花蜜來源不同，所以蜂蜜的顯色及味道有些許差異。

黑糖蜜

甘蔗加工製成精製糖時產生的糖漿，黑糖蜜含植物所吸收的礦物質和營養，可做為糖的替代品及礦物質補充品。

楓糖漿

有特殊的香氣與甜味，含多種維生素、礦物質及對身體有益的物質，楓糖漿在世界上最大的生產國即加拿大，被國人譽為液體黃金。

油脂&蛋奶

白色棉花糖

彩色小棉花糖

棉花糖

又稱棉花軟糖，形狀如棉花的軟糖，由糖或玉米糖漿和蛋白、用水軟化的明膠所製成的軟糖，特性是遇熱即融化。

無鹽奶油

奶油分成有鹽、無鹽，無鹽奶油廣泛使用於烘焙食品，使用前可提早 15 分鐘放在室溫退冰，與其他植物性油脂比較，無鹽奶油更能增加奶油的風味及香氣。

沙拉油

為液體油脂之一，能做出較為濕潤的蛋糕體，在常溫下也能維持柔軟蓬鬆感，蜂蜜蛋糕使用機率高。

動物性鮮奶油

動物性來源的乳品製成，具濃郁奶香，可打發當裝飾或增加甜點層次口感，由於保鮮期短，開封後盡快使用完，可冷藏但不宜冷凍保存。

雞蛋

每個雞蛋的蛋白 30 ～ 35g、蛋黃 20 ～ 25g，含豐富蛋白質，為製作蛋糕的必備材料之一，能讓糕點具有鬆軟細緻的組織。

起司

奶油起司又稱奶油乳酪，質地滑順，適合製作起司蛋糕或起司慕斯等。馬斯卡彭起司具濃郁奶香味，並帶淡淡甜味，為製作提拉米蘇的主原料，以及書中焦糖蘋果馬斯卡彭咕咕霍夫蛋糕的麵糊。

牛奶

製作甜點時，經常加牛奶增加風味及營養價值，並讓麵糊或麵團更加柔軟，也可用在製作醬料、內餡及奶凍。

優格

優格種類很多，比如一般原味優格、全脂或低脂希臘優格。優格除了單吃或當早餐外，也適合製作甜點，口味變得清爽。

堅果&水果

草莓果泥
芒果果泥

果泥

為了能夠保存水果的風味，通常將當令水果冷凍保存，普遍用在製作甜點、醬汁、水果庫利（果凍）、水果軟糖、冰淇淋、慕斯及蛋糕裝飾淋面。

核桃

榛果粒

帶皮杏仁

堅果

營養價值高，堅果加入麵糊中可增加口感及香氣，也可切碎後當糕體表面裝飾。購買時留意保存期限，沒用完需密封後冷藏。例如：核桃、帶皮杏仁、榛果粒、夏威夷豆等。

乾草莓丁

蔓越莓乾

鳳梨果乾

水果乾

含豐富營養，由新鮮水果經烘乾或曬乾等加工過程去除水分所製成，保留水果的香甜味，被喻為理想的健康零食，水果乾，加入蛋糕麵糊可增加口感及香氣。例如：蔓越莓乾、鳳梨果乾、冷凍乾燥草莓。

新鮮水果

含豐富膳食纖維、維生素和礦物質，在烘焙用途上，通常拿來當蛋糕裝飾，或製作蛋糕捲時，將草莓切半後捲入糕體，柳橙削皮後加入麵糊，能增加蛋糕口感及香氣。

伯爵茶葉

烏龍茶葉

茉莉花茶葉

茶葉

茶葉可用來沖泡當茶飲，也可運用茶葉泡出來的香味，或茶葉切碎後加入麵糊中，經由烘烤後讓蛋糕增加香氣及色澤，提升糕點質感。

蘭姆酒

白蘭地

卡魯瓦咖啡酒

酒

製作甜點最常用蘭姆酒（萊姆酒）、白蘭地、卡魯瓦咖啡酒等，雖然用量不多，卻能提高甜點的香氣，依據不同甜點特性選擇適合的酒，可以提升甜點風味。

苦甜巧克力

白巧克力

巧克力

分成調溫與非調溫2種，使用鈕釦型較方便融化，調溫巧克力由可可豆加工而成，主成分是可可脂、可可膏。製作甜點常使用苦甜巧克力，苦甜巧克力加入奶粉即是牛奶巧克力，白巧克力因未含可可膏，在瑞士巧克力專家認定白巧克力非真正巧克力，而草莓及檸檬巧克力，較常融化後用於沾裹蛋糕表面。

香草豆莢＆香草籽醬

香草豆莢萃取自香莢蘭植物，新鮮豆莢經過殺菁、烘乾等程序而成。製作甜點常使用到的香料，比如運用在原味蛋糕，除了去除蛋腥味，最重要是能融合出更芬芳的香甜氣息。

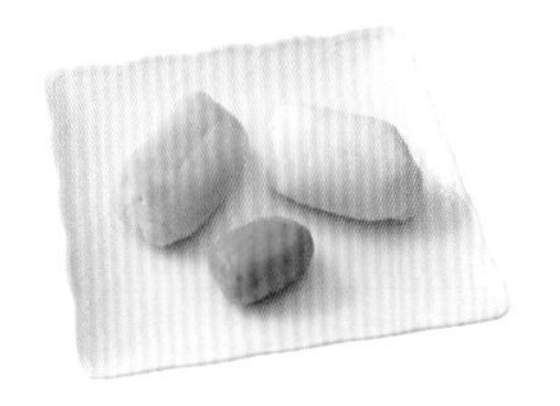

翻糖

有許多顏色可挑選，用在翻糖披覆或壓成小花做為蛋糕裝飾，可到烘焙材料行購買，未使用時必須以保鮮膜包好，才不會乾裂。

食用花

指能食用的花，除了當觀賞用途，也是為了可食用而特別種植的花卉，花點巧思將食用花放在甜點裝飾，鮮豔的顏色能將甜點外觀提升價值感。

金箔＆銀箔

金箔及銀箔本身無味，是1種黃金的製品，經過錘打後變成很薄的薄片，通常使用於甜點裝飾，立刻變身成高貴的視覺享受。

食用色膏

有許多顏色可挑選，只要1～2滴就可染出需要的顏色，用在鏡面裝飾、巧克力裝飾片，染出不規則圖案。

食用彩色糖珠

又稱彩糖，有不同顏色和尺寸可挑選。

必學的基本技巧

烘焙常經常遇到蛋白打發、鮮奶油打發、巧克力融化、花嘴與擠花袋使用、脫模方法、非活動式模具鋪烘焙紙等過程，只要學會這些操作技巧，將助你製作糕點更上一層樓。

鮮奶油打發

適合品項

- 香堤鮮奶油
- 慕斯餡
- 卡士達醬

打發過程

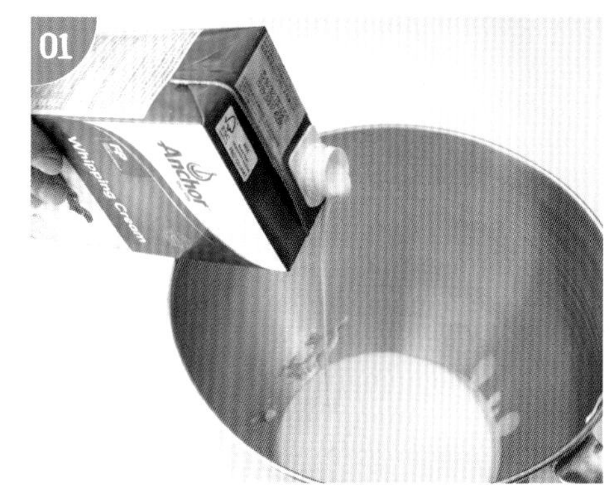

動物性鮮奶油倒入攪拌缸。（Point1）

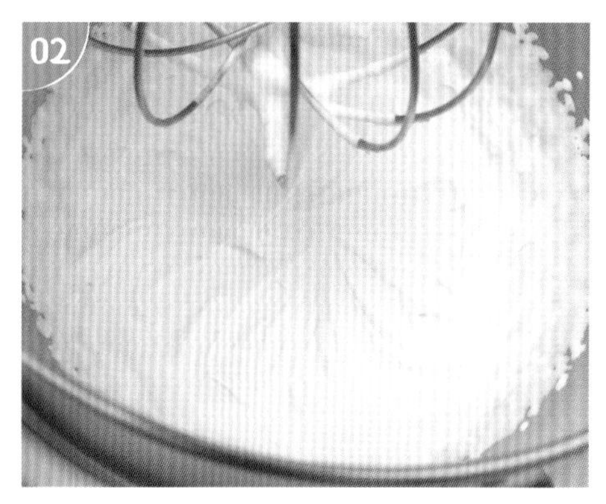

用球狀電動打蛋器，並以中速拌打至鮮奶油表面有明顯紋路（7分發）。（Point2）

- **Point1 低溫狀態打發**

  鮮奶油在低溫容易打發，夏天氣溫高，可用手持式電動打蛋器拌打，在鋼盆底下放1鍋冰塊水，助於快速打發。

- **Point2 打發後放入冰箱冷藏**

  鮮奶油打發後未立刻使用，應放入冰箱冷藏並當天用完。

蛋白打發

適合品項

- 咕咕霍夫蛋糕
- 海綿蛋糕
- 蜂蜜蛋糕
- 鬆餅
- 烏比派

打發過程

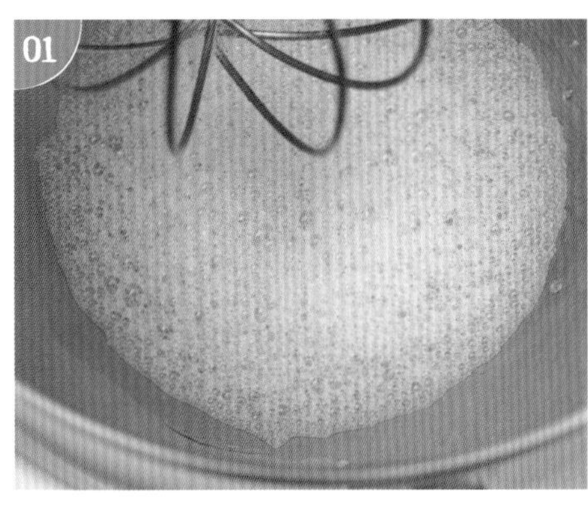

蛋白放入無水無油的攪拌缸，用球狀電動打蛋器，並以中速稍微打起泡（粗粒氣泡）。（Point1、2）

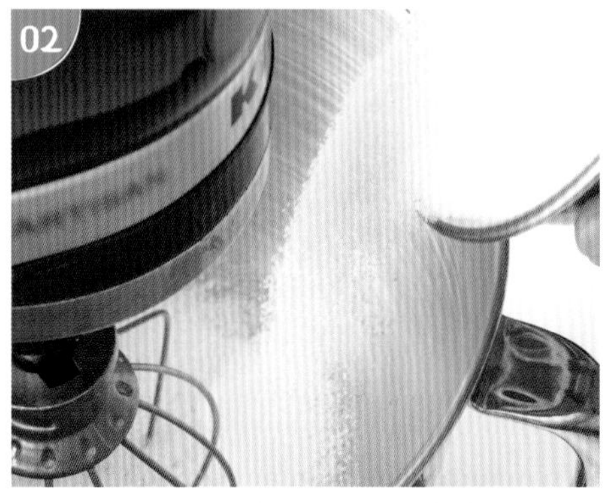

電動打蛋器持續攪拌，看到粗粒氣泡即分２次加入細砂糖。（Point3）

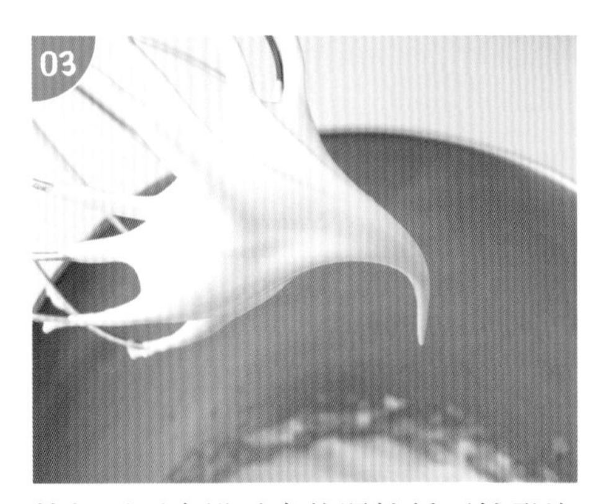

拌打至蛋白變雪白的濕性偏硬性發泡（７分發），用打蛋器勾起蛋白霜，尖端呈鷹勾嘴狀。

- **Point1 雞蛋從冰箱取出先退冰**
  蛋白打發的最佳溫度大約17～22℃，所以從冰箱取出的蛋需先退冰至常溫。
- **Point2 打發過程不宜高速**
  蛋白攪拌缸必須無水無油，打發過程不宜高速，容易打出大小不一的氣泡，就無法打出細緻的蛋白霜；中速打進去的空氣密度平均，蛋白霜較細緻。
- **Point3 細砂糖加入的時機點**
  細砂糖必須等蛋白出現粗粒氣泡再加，太早加糖會阻隔空氣進入蛋白，將延長打發時間。

蛋黃打發

- 海綿蛋糕

- **Point1 隔水加熱35℃有助打發**
  蛋黃隔水加熱至35℃，並過濾多餘的雜質，以利打發至濃稠乳白色。

打發過程

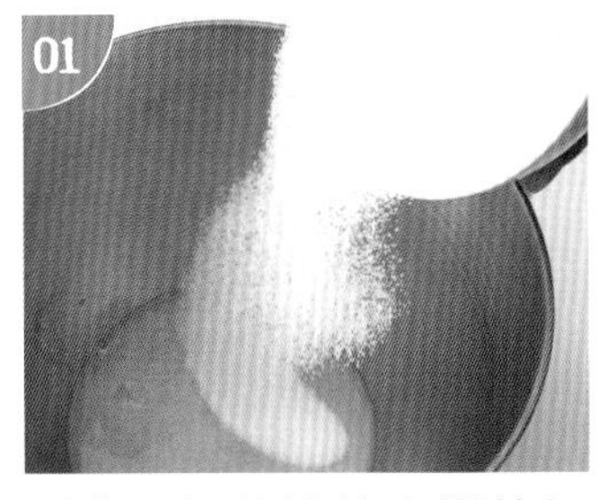
01 蛋黃、細砂糖放入攪拌缸（或鋼盆），轉小火隔水加熱，邊用打蛋器拌勻至35℃。（Point1）

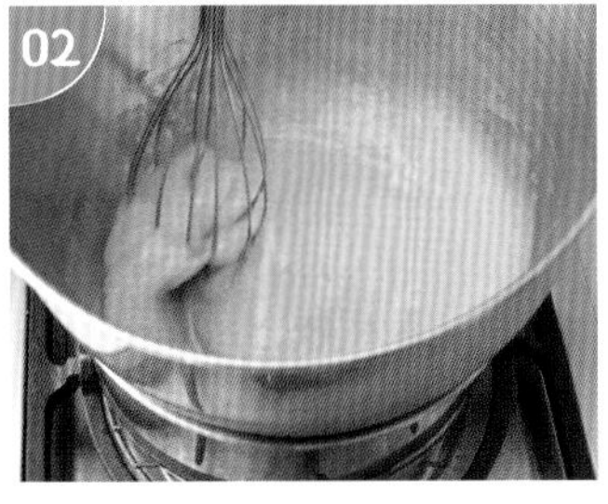
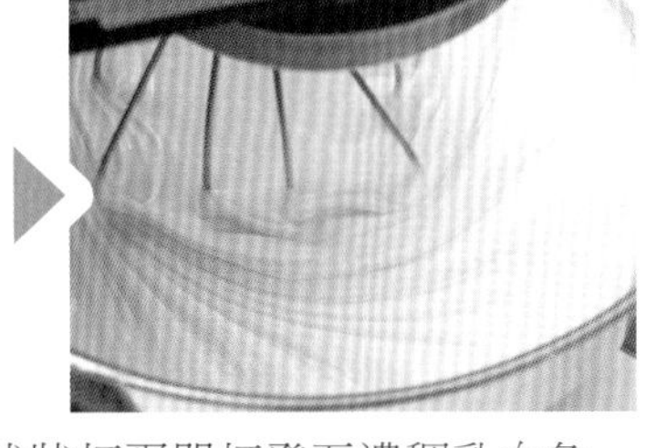
02 透過篩網過濾於攪拌缸，以球狀打蛋器打發至濃稠乳白色。

全蛋打發

適合品項

- 布朗尼
- 檸檬蛋糕

- **Point2 隔水加熱助全蛋打發**
  雞蛋溫度太低會影響打發，於製作前提早從冰箱取出退冰至常溫；若來不及退冰，可以用隔水加熱方式，幫助全蛋打發膨脹效果，讓麵糊更細緻。

打發過程

01 全蛋、細砂糖放入攪拌缸（或鋼盆），用打蛋器拌打至出現粗泡，轉小火隔水加熱，繼續拌勻蛋液至40℃，離火。（Point2）

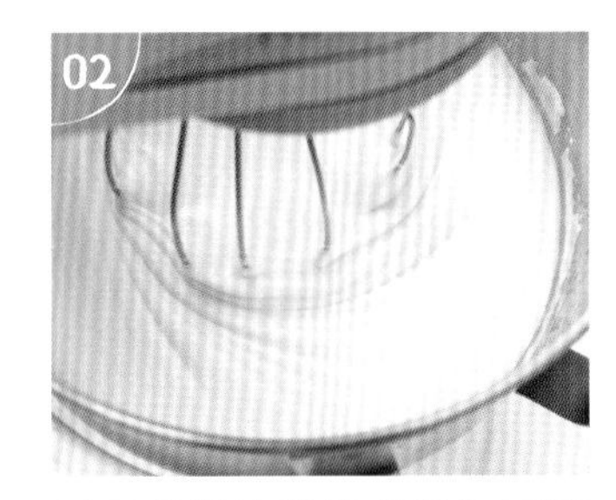
02 用電動攪拌機的球狀打蛋器打發至呈乳白色，膨脹至原來2～3倍大的濃稠狀。

巧克力隔水加熱

適合品項

- 加入麵糊
- 表面裝飾或沾裹

融化過程

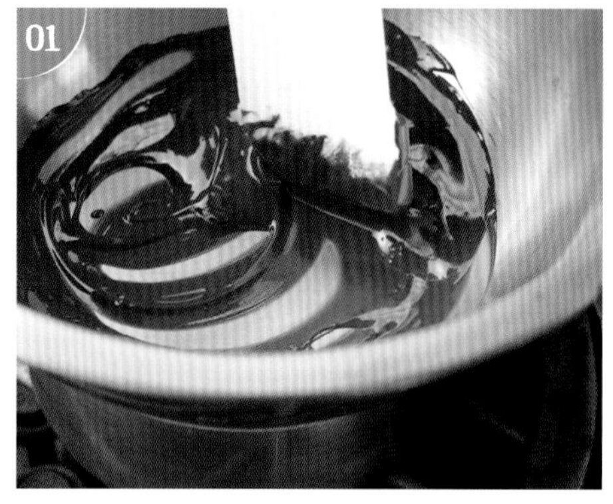

巧克力放入無油無水的鋼盆，採小火隔水加熱（底鍋熱水溫度維持70～80℃），攪拌至巧克力融化（46～48℃），關火。（Point1、2）

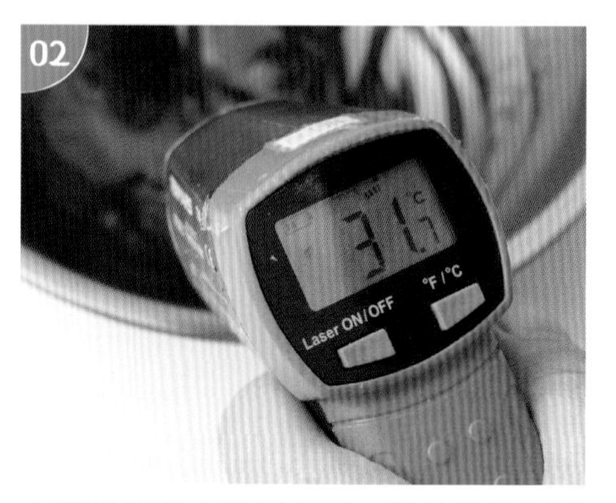

立即離開熱水移至桌面，繼續攪拌調溫（30～32℃）即可使用，底下可墊1鍋溫水維持此溫度。（Point3）

- **Point1 調溫與非調溫巧克力**
  調溫與非調溫巧克力最大差別為所含油脂，前者含可可豆的可可脂、後者將可可脂換成植物油，適合裝飾且融化（不超過50℃）即可使用。調溫巧克力口感佳，適合加入麵糊、淋面，由於可可脂的結晶特性，必須經過「調溫」才能呈現光亮滑順。

- **Point2 超過48℃破壞可可脂**
  調溫巧克力融化溫度超過48℃，會破壞可可脂成分，務必調溫30～32℃，否則巧克力不易結晶。

- **Point3 鈕釦型巧克力更方便**
  市售調溫巧克力有大大1塊、鈕釦型，建議購買鈕釦型，小巧體積融化更容易且方便保存。

擠花嘴裝入擠花袋

適合品項

- 裝麵糊
- 擠花裝飾

組合過程

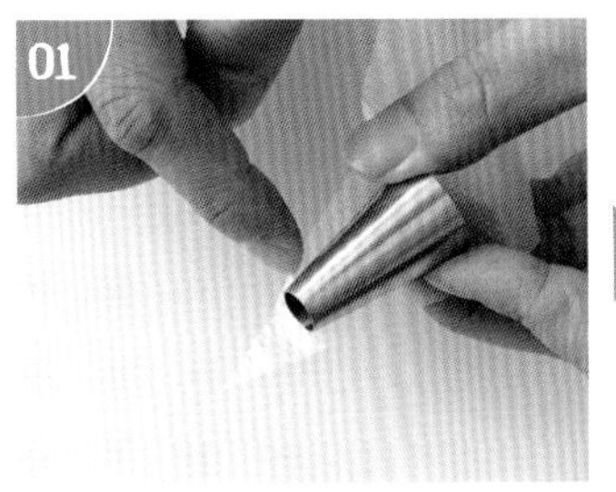
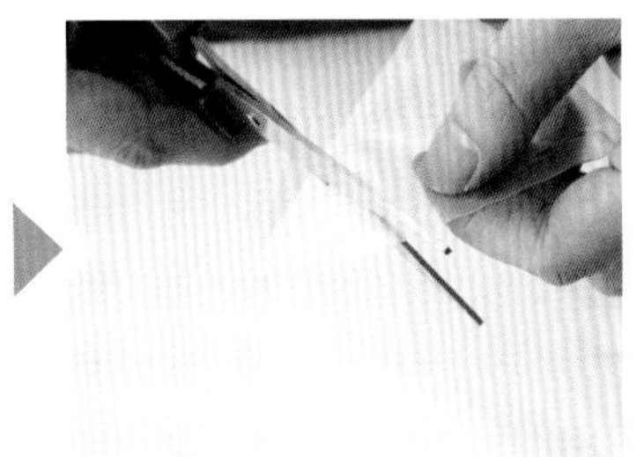

01 花嘴裝入擠花袋到底，在花嘴前端1/4處先用剪刀劃 1 道刀痕當記號，拿出花嘴後用剪刀於記號處剪除。

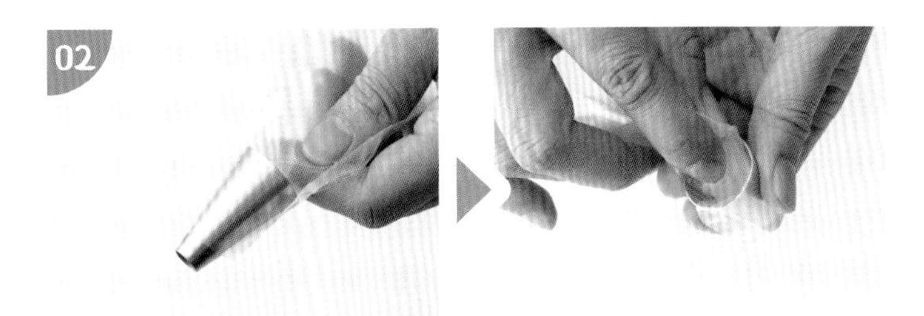

02 將花嘴裝入擠花袋並往前推到底，塞一些擠花袋入花嘴圓洞。（Point1）

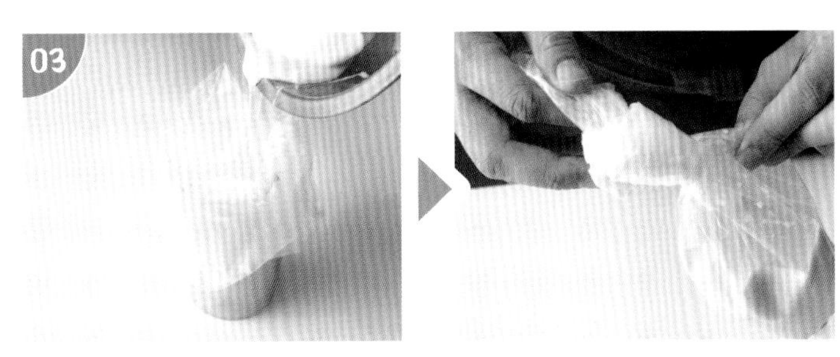

03 放入量杯後袋口往外翻折貼附量杯，再填入麵糊（或奶油餡、香堤鮮奶油），袋口綁緊即可。（Point2）

- Point1
  花嘴洞口塞擠花袋
  擠花袋塞入花嘴洞口，可防止填裝物向下順著花嘴洞流出。
- Point2
  切麵刀協助推出空氣
  填裝物若比較濃稠，可用切麵板往擠花袋尖端集中，並將袋內空氣全部擠出。

固定底模具鋪烘焙紙

示範品項

- 磅蛋糕模
- 方形模

鋪紙過程

01 固定底蛋糕模放於烘焙紙中央。（Point1）

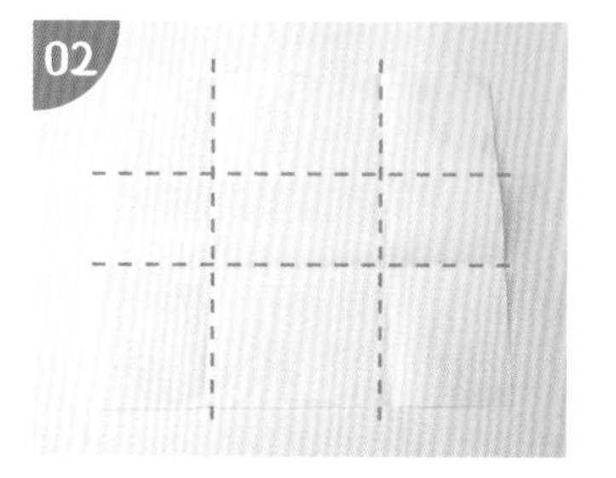

02 在模具底部和側面的角落折出記號，再沿著記號折出摺線（藍色虛線），模具移出。

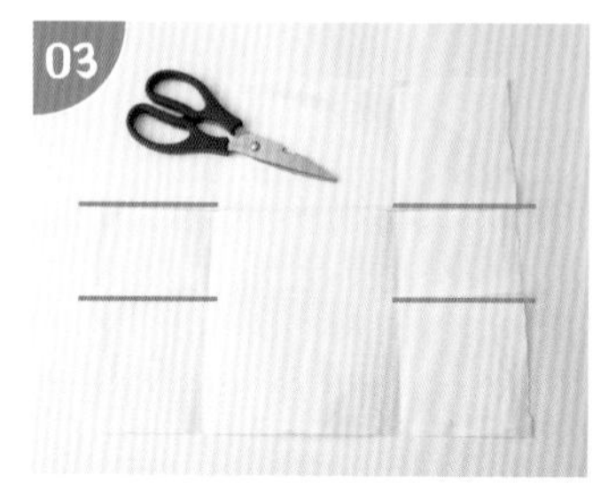

03 拿剪刀依照圖片的4道（藍色實線）刀痕處剪開。

04 將烘焙紙鋪入蛋糕模，4個刀痕處並折好。

05 用手指輕壓模具4個角落，使烘焙紙更貼合蛋糕模具。（Point2）

06 方形模鋪烘焙紙的操作法參考01～05，適合用在海綿蛋糕、蜂蜜蛋糕產品 。

- **Point1 烘焙紙必須高過模具高度**
  烘焙紙可以稍微大些，4邊輕輕向上拉起必須高過模具高度，方便後續脫模時可直接拉起。若使用活動底模具，則不需要鋪烘焙紙。
- **Point2 蛋糕體漂亮完整**
  烘焙紙4個角落貼合模具，麵糊不易流出，並且烘烤完成的蛋糕外觀才會工整漂亮。

蛋糕模與慕斯圈脫模

示範品項

- 固定底模具
- 活動底模具
- 慕斯圈

脫模過程

01 「固定底」模具：倒入麵糊前，模具底部先鋪烘焙紙，脫模時刀子靠著模具邊緣輕劃 1 圈，脫模於置涼架，再撕除烘焙紙。

02 「活動底」模具：刀子先插入模具底部，靠著邊緣輕劃 1 圈，從底部往上托起蛋糕就能順利脫模。

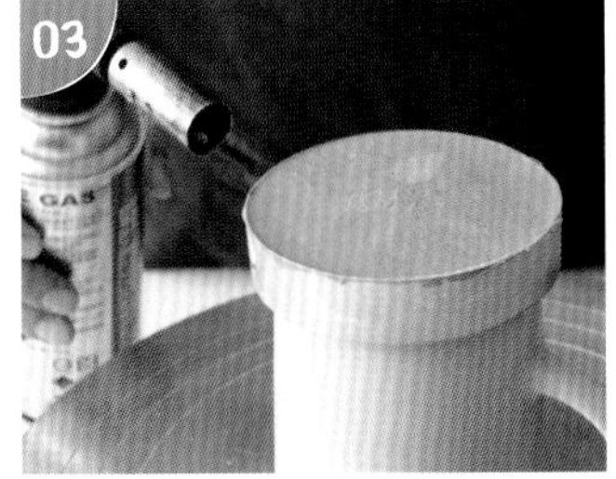

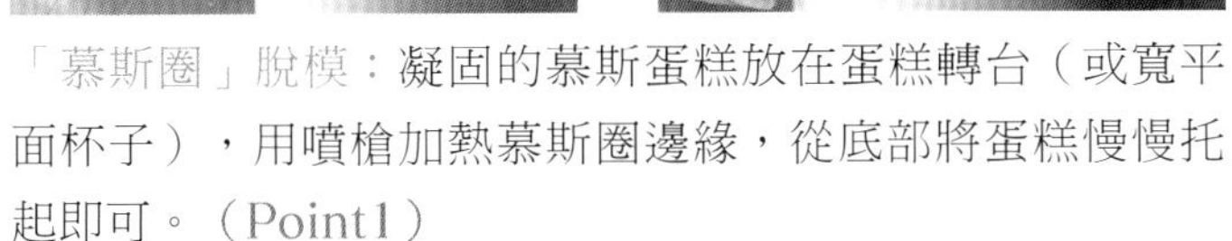

03 「慕斯圈」脫模：凝固的慕斯蛋糕放在蛋糕轉台（或寬平面杯子），用噴槍加熱慕斯圈邊緣，從底部將蛋糕慢慢托起即可。（Point1）

- Point1
  熱毛巾包覆慕斯圈脫模
  噴槍脫模法可用熱毛巾包覆，溫熱後即順利脫模。

口感視覺加分課程

學會基礎甜點後，如果想在外觀或糕體做些變化，就需要畫龍點睛的香堤鮮奶油、翻糖壓花、巧克力裝飾片等，只要懂得配方與製程，就有機會完成大師級的專業甜點。

巧克力香堤鮮奶油

適合品項

- 楓糖巧克力咕咕霍夫蛋糕（P.110）

材料：Ⓐ 動物性鮮奶油 25 克、Ⓑ 牛奶巧克力（調溫）50 克、Ⓒ 動物性鮮奶油 150 克

作法：

材料A放入小湯鍋，轉小火煮至70℃。

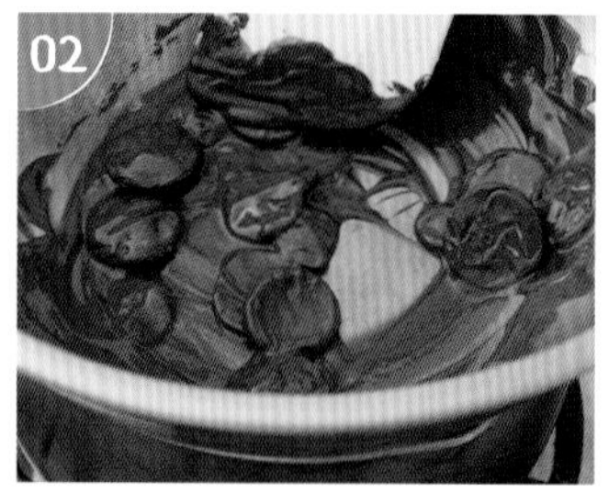

材料B以小火隔水加熱融化，再加入作法1拌勻成巧克力醬，降溫至30℃。

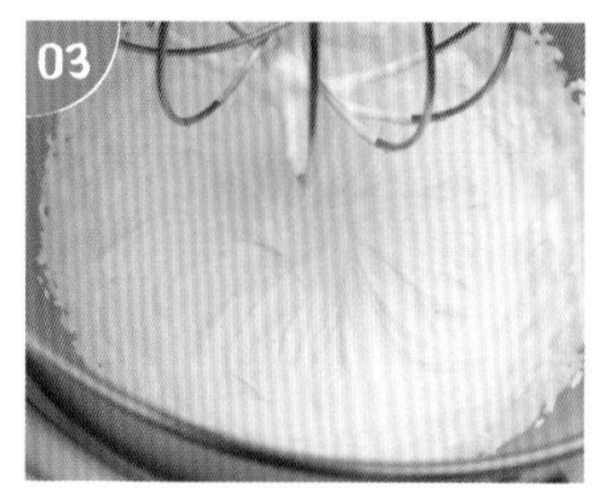

材料C打發至濃稠發泡狀態，並有明顯紋路（7分發）。

再加入作法2，用矽膠刮刀由底部往上輕輕拌勻。

小叮嚀

＊材料A、材料B拌勻後必須降溫至30℃，才能與打發的鮮奶油混合，若溫度太高，則容易產生油水分離。

香堤鮮奶油

適合品項

- 焦糖蘋果馬斯卡彭咕咕霍夫蛋糕（P.117）
- 諾曼地草莓香堤瑞士捲（P.126）
- 芒果布丁檸檬蛋糕（P.148）
- 野莓舒芙蕾鬆餅蛋糕（P.173）

材料：Ⓐ 動物鮮奶油 500 克、細砂糖 50 克、白蘭地 20 克

作法：

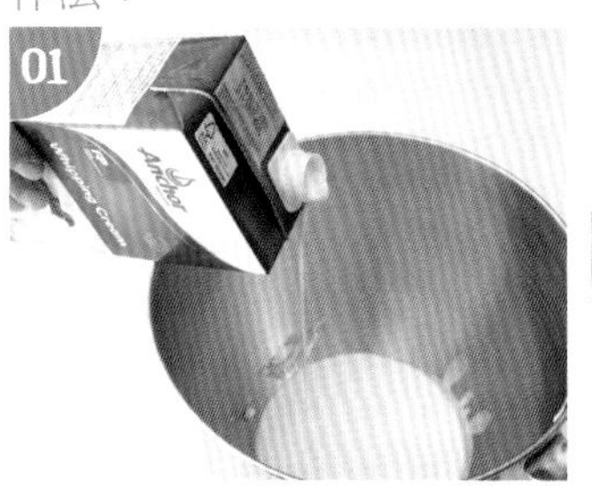

材料A倒入攪拌缸，用球狀打蛋器打發至鮮奶油稍有流動性（5分發）。

繼續打發至濃稠發泡狀態，並有明顯紋路（7分發）。

小叮嚀

＊淋面用途只需要5分發，參見P.117焦糖蘋果馬斯卡彭咕咕霍夫蛋糕。
＊香堤鮮奶油若未立即使用，則先放冰箱冷藏，大約可保存2～3天。

蜂蜜香堤鮮奶油

適合品項

- 抹茶香堤蜂蜜蛋糕（P.155）

材料：Ⓐ 動物鮮奶油 250 克、細砂糖 25 克、白蘭地 8 克、蜂蜜 5 克

作法：

材料A倒入攪拌缸。

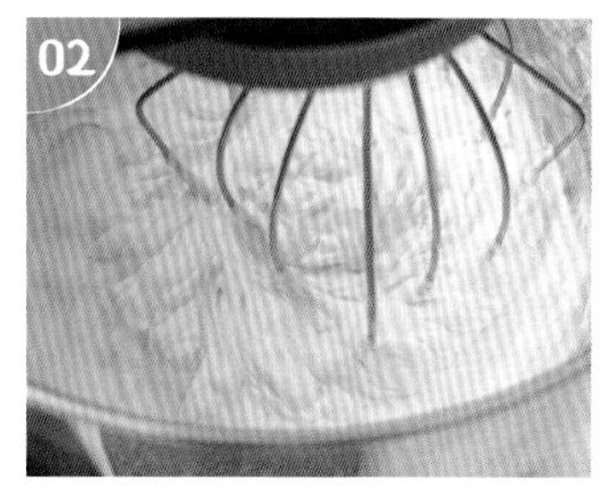

打發至濃稠發泡狀態，並有明顯紋路（7分發）即可。

起司香堤鮮奶油

適合品項

- 酥菠蘿起司磅蛋糕（P.073）
- 太妃焦糖起司馬芬（P.100）

材料：Ⓐ 牛奶 35 克、吉利丁片 1/2 片
Ⓑ 白巧克力（調溫）45 克、奶油起司 80 克
Ⓒ 動物性鮮奶油 85 克

作法：

牛奶轉小火煮沸，吉利丁片泡入冰水待軟。

稍微擠乾水分的吉利丁片加入牛奶，拌勻備用。

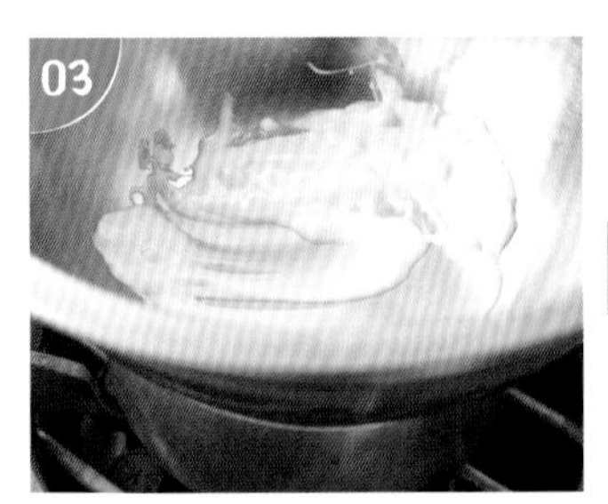

白巧克力以小火隔水加熱融化，與作法２材料拌勻。

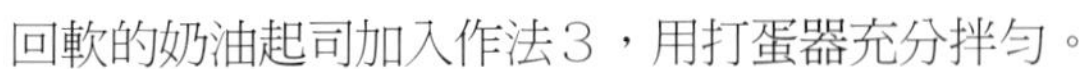

回軟的奶油起司加入作法３，用打蛋器充分拌勻。

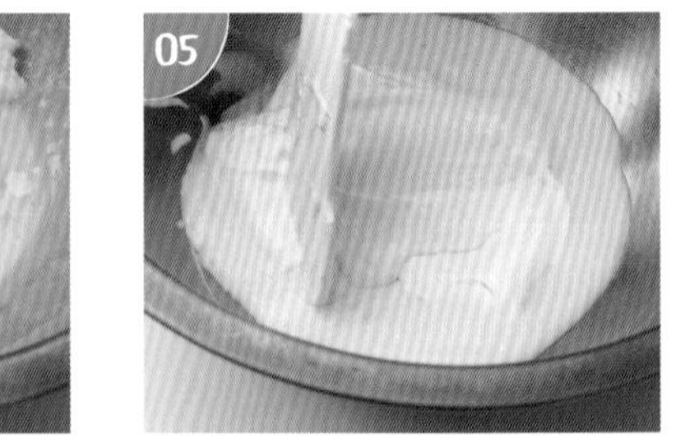

材料C打發至有明顯紋路（７分發），加入作法４，換矽膠刮刀拌勻。

酥菠蘿

適合品項

- 酥菠蘿起司磅蛋糕（P.073）
- 蔓越莓酥菠蘿馬芬（P.098）

材料：Ⓐ 無鹽奶油 25 克、糖粉 25 克
　　　Ⓑ 杏仁粉 45 克、低筋麵粉 45 克

作法：

回軟的無鹽奶油與糖粉放入攪拌缸（或鋼盆），加過篩的材料B。

攪拌均勻成細顆粒即可。

小叮嚀

＊攪拌成細顆粒即停止，若攪拌過度，則會拌成麵團狀。

＊用不完的酥菠蘿可冷藏7天、冷凍1個月。

檸檬糖霜

適合品項

- 檸檬果香棉花糖瑪德蓮（P.052）
- 老奶奶檸檬柚子蛋糕（P.146）

材料：Ⓐ 檸檬汁 30 克、糖粉 125 克、檸檬皮屑 5 克

作法：

材料A放入鋼盆。

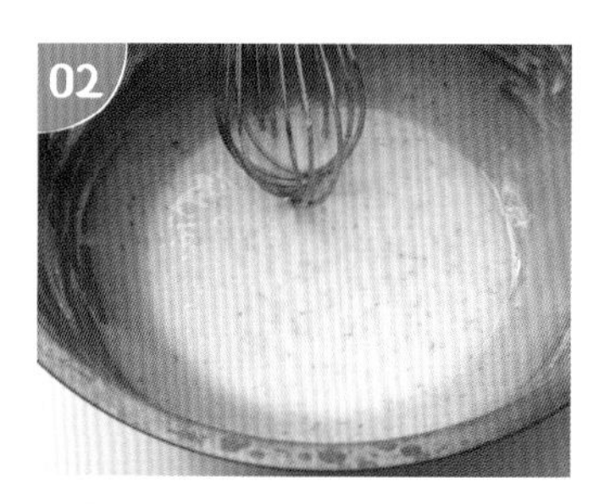

用打蛋器拌勻即可。

炙燒糖香蕉

適合品項

- 紅龍果香蕉優格馬芬（P.095）
- 美式巧克力鬆餅（P.176）

材料：Ⓐ 香蕉 2 根（360 克）、Ⓑ 細砂糖 40 克

作法：

01 香蕉去皮後切薄片（約20片），表面撒細砂糖，再用噴槍炙燒呈焦糖化。

小叮嚀

＊香蕉撒細砂糖後，可以用小火煎或烤箱150℃烘烤上色。

翻糖壓花

適合品項

- 花樣玫瑰草莓瑪德蓮（P.042）
- 覆盆子花朵費南雪（P.058）

材料：Ⓐ 黃色小花 20 朵（白色翻糖 20 克、黃色翻糖 6 克）
Ⓑ 橘色小花 20 朵（白色翻糖 20 克、橘色翻糖 6 克）

作法：

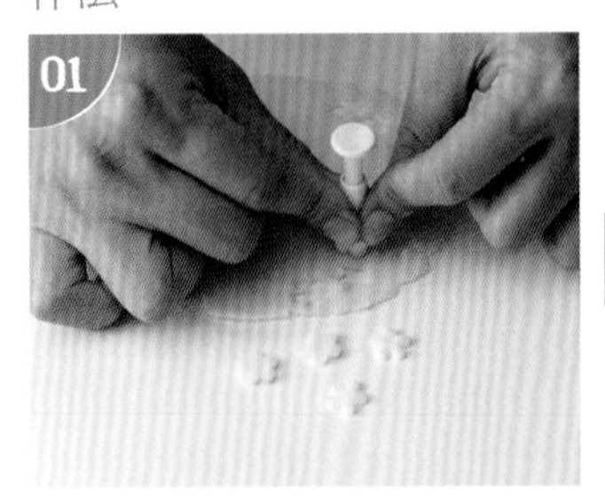

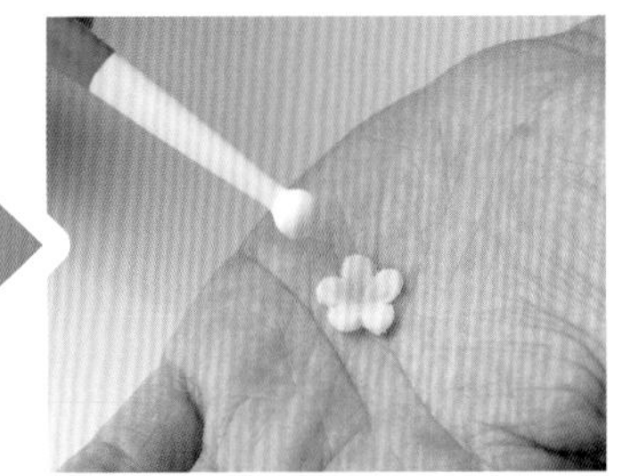

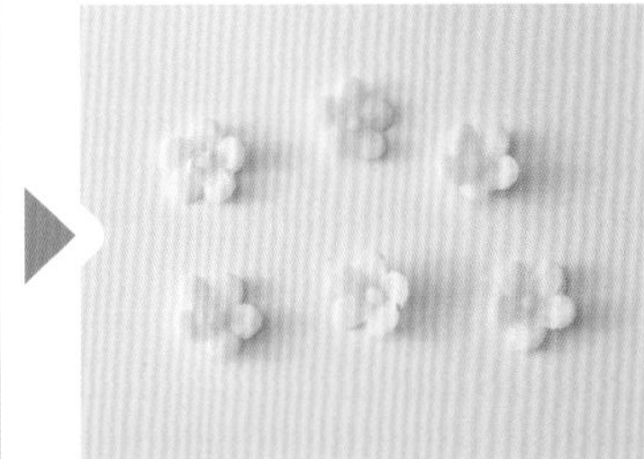

01 製作黃色小花：白色翻糖擀薄後用壓模壓出小花，拿圓頭塑型工具塑出凹洞，再黏上黃色花蕊。

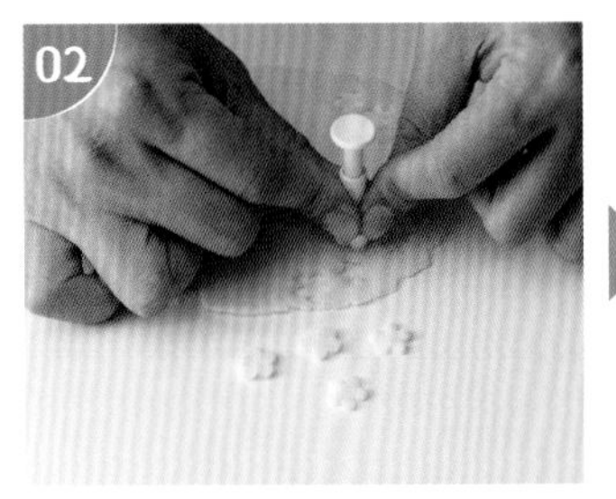

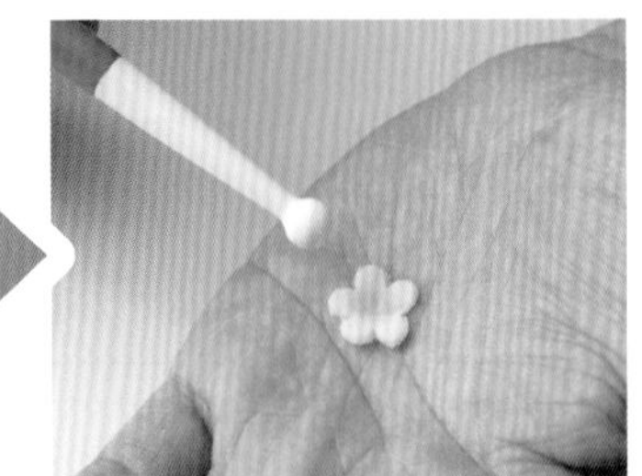

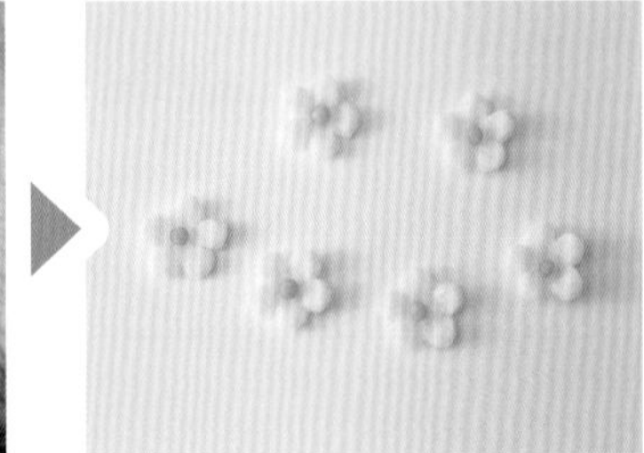

02 製作橘色小花：白色翻糖擀薄後用壓模壓出小花，拿圓頭塑型工具塑出凹洞，再黏上橘色花蕊。

巧克力彎片

- 法式蜂蜜蛋糕吐司（P.164）

材料：Ⓐ 苦甜巧克力或牛奶巧克力（非調溫）200 克

作法：

巧克力以小火隔水加熱融化，用小支矽膠刮刀將巧克力淋於長條透明片，用抹刀快速抹平。

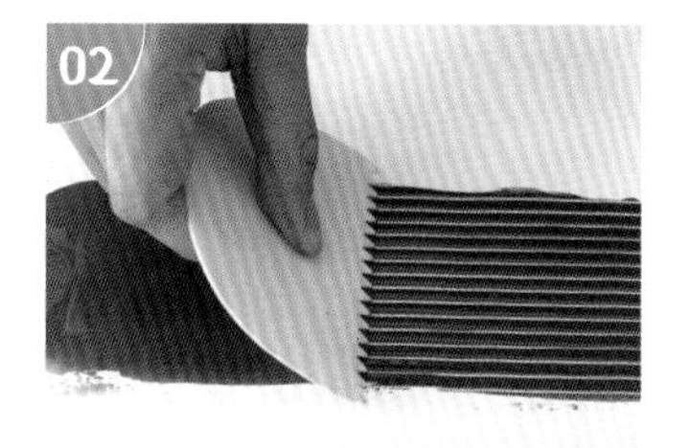

拿鋸齒刮板從一端向另一端刮出線條，動作需一氣呵成。

從旁邊挑起巧克力片，用雙手小心彎折巧克力片，以小玻璃皿固定兩端。

待凝固不黏手，取下透明片後依需要剝片即為彎片。

我就是巧克力彎片

巧克力渲彩片

適合品項

- 紅龍果香蕉優格馬芬（P.095）
- 咖啡鮮奶凍馬芬（P.103）
- 野莓巧克力渲染慕斯（P.132）
- 野莓舒芙蕾鬆餅蛋糕（P.173）

材料：Ⓐ 白巧克力（非調溫）200 克、食用色膏（紅、橘）各 1 滴

作法：

白巧克力以小火隔水加熱融化，取一半份量分成 2 份，分別滴入食用色膏，拌勻。

在長方形透明片上快速刷出染色的巧克力（紅色→黃色）。

用鐵尺刮出不規則線條。

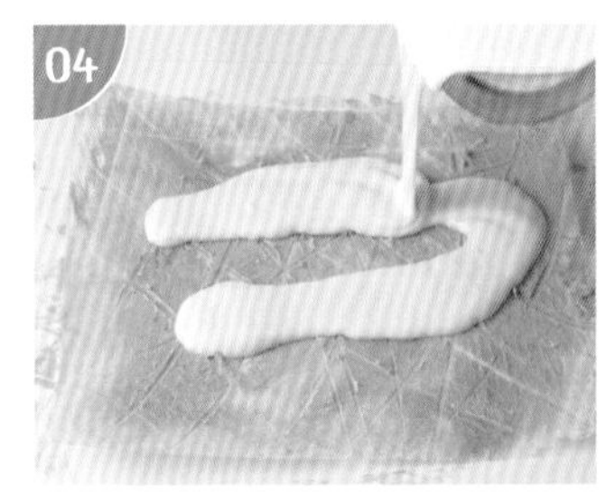
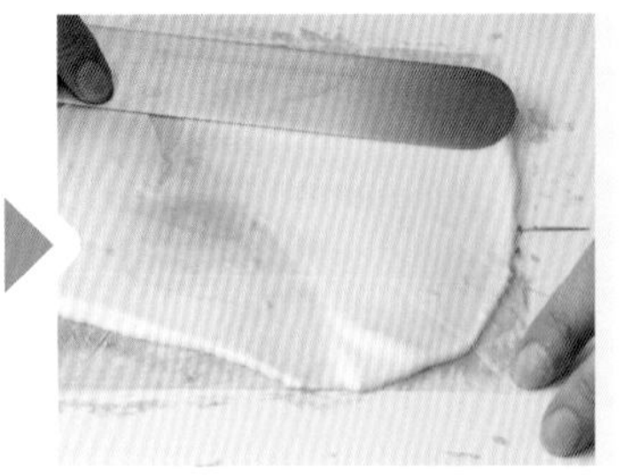

淋上剩餘融化的白巧克力，用抹刀抹平。

小心蓋上 1 片透明塑膠片。

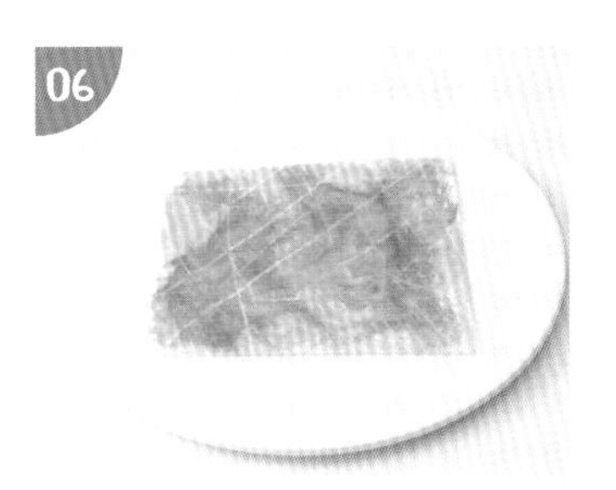

放置一旁，待凝固不黏手。

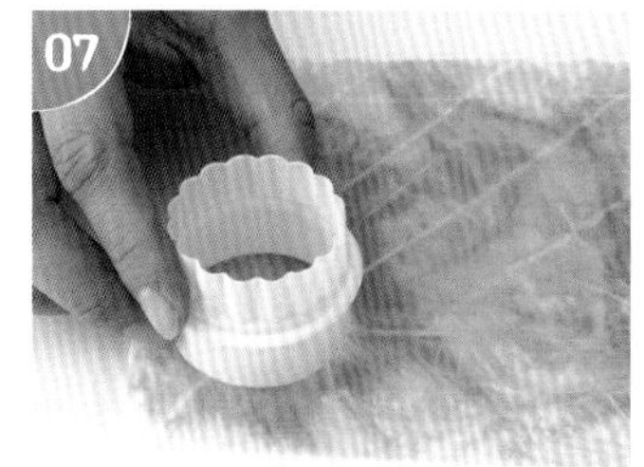

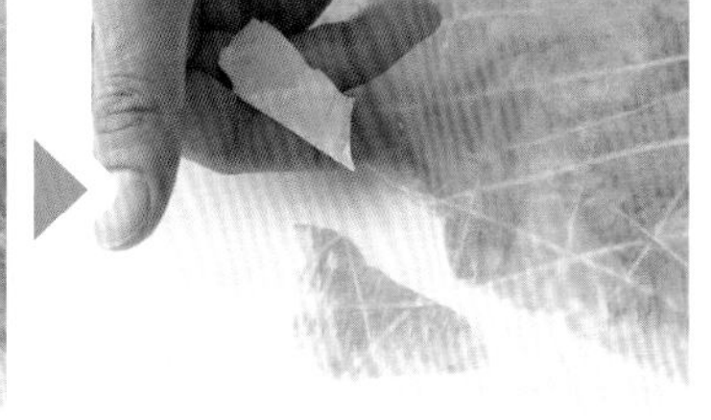

取直徑 5 ～ 6 cm圓形壓模放在巧克力片上，壓出圓形片或用手剝成不規則小片。

小叮嚀

* 食用色膏可換其他顏色 1 ～ 2 滴，刷出想要的紋路，動作要快，避免融化的巧克力硬掉。
* 裝飾片的巧克力用非調溫就可以，份量依需要增減量（太少不好操作），融化溫度不超過50℃。
* 巧克力裝飾片可先做好，放密封盒冷藏。

最想知道的Q＆A問答

初學甜點難免會遇到一些狀況，比如不清楚器材如何使用或製作方面的困擾，這個單元已整理新手常見Q＆A，希望大家可從中找到答案，避免烘焙失敗、信心大挫。

Q1 為什麼粉類需要過篩？

麵糊中的粉類（例如：麵粉、杏仁粉、泡打粉）先混合過篩，可以讓粉類分布均勻與避免有結塊，如此讓拌好的麵糊更細緻、烤好後口感更佳。

Q2 雞蛋所含蛋白蛋黃各多重？

雞蛋1個重量大約50～60克，蛋白30～35克、蛋黃20～25克，宜挑選大小一致的中型蛋來操作為佳。

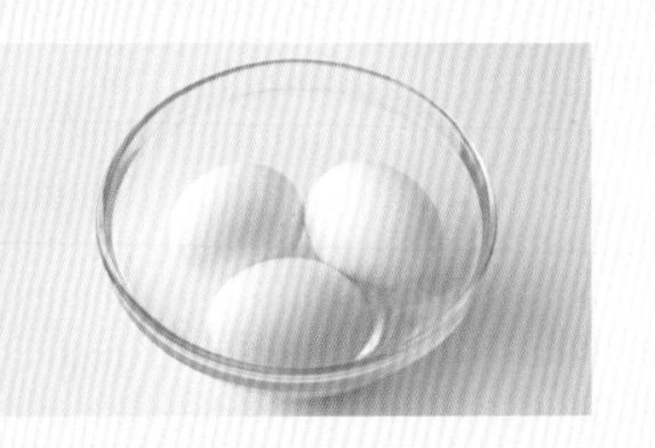

Q3 蛋白打發必須注意什麼？

打發蛋白的器具必須無油無水，只要有殘留物，就會影響打發效果，所以打發前務必確認器具乾淨及乾燥。

Q4 吉利丁片需要泡到何程度？

吉利丁片由動物膠製成的透明膠片，以幫助液體凝固，1片吉利丁片可以換成2～3克吉利丁粉。吉利丁片使用前必須泡入冰水變軟就可以撈起來，稍微擠乾就可以使用了，千萬別泡溫水，會化掉無法使用。

Q5 奶油需要放室溫回軟嗎？

奶油剛從冰箱取出很硬，務必放室溫回軟，才容易和糖攪拌均勻。可用手指頭輕壓奶油，若呈現凹洞表示回軟完成。

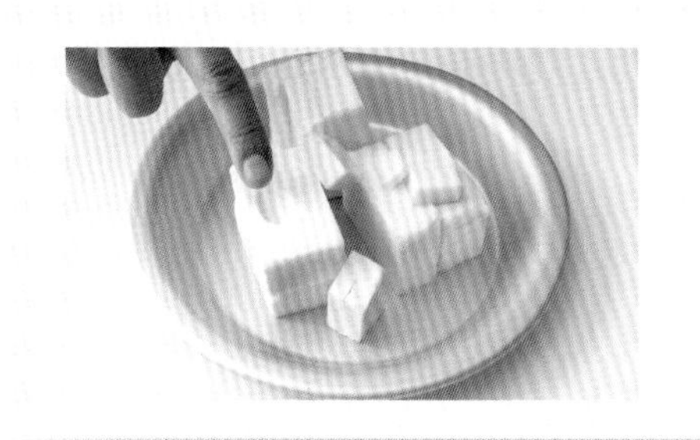

Q6 烤箱需要預熱多久？

製作麵糊前可先預熱烤箱，以上火180℃/下火180℃預熱約10分鐘（每台烤箱預熱時間略差異，此為參考值），再把裝麵糊的蛋糕模放入烤箱烘烤。市面上烤箱幾乎恆溫式，只要設定溫度完成，就會保持在此溫度。

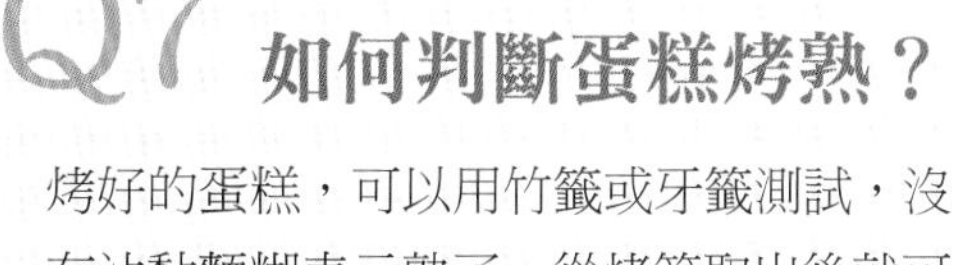

Q7 如何判斷蛋糕烤熟？

烤好的蛋糕，可以用竹籤或牙籤測試，沒有沾黏麵糊表示熟了，從烤箱取出後就可脫模。若等涼了才脫模，容易導致糕體因悶在模具中而使糕體有些許塌陷。

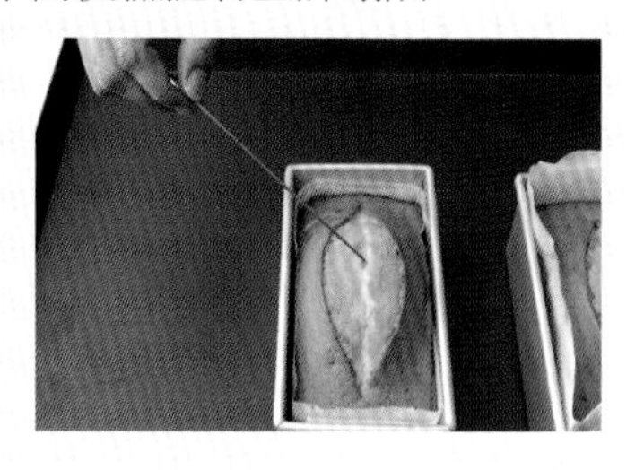

Chapter 2
溫潤厚實麵糊類

麵糊類蛋糕特徵是油脂含量較高，經由攪拌時拌入大量空氣，利用油脂包覆空氣讓糕體變柔軟，並達到膨發的效果。

大家常吃到的瑪德蓮、費南雪、磅蛋糕、布朗尼、馬芬、咕咕霍夫蛋糕等屬於麵糊類，學會這６類蛋糕，你可透過麵糊風味變化與裝飾技巧，一口吃下，從此難忘絕妙好滋味！

瑪德蓮

麵糊烘烤到外皮金黃酥脆、內部柔軟濕潤質地的蛋糕，通常會加檸檬皮及蜂蜜於麵糊中，嘗起來感到滑順與淡淡的檸檬香氣。外觀最大特色就是貝殼造型，而貝殼紋的另外一面中央能夠看到 1 個隆起的小丘，通常稱它為「肚臍」。

Point

1

奶油融化溫度太高
影響糕體質地

煮無鹽奶油的火候必須轉小火煮至融化，奶油液的溫度大約 50℃即可；若火候太大，則溫度容易太高而影響糕體質地。

Point

麵糊冷藏20分鐘
助乳化膨脹

拌好的瑪德蓮麵糊放入冰箱冷藏鬆弛 20 分鐘，讓材料有時間充分融合乳化，可達到更好的膨脹效果，並且形成糕體外酥脆內鬆軟。

Point

麵糊分次烤沒問題
風味不減

每台烤箱容量不同，若麵糊無法 1 盤烤完，可將剩餘麵糊先放入冷藏，再分次烤完，但不建議放到隔天烤。

Madeleine

原味瑪德蓮

中央隆起的山型肚臍，宛若東方金元寶，
很容易學會的常溫蛋糕之一。

材料

- 原味瑪德蓮麵糊

Ⓐ 全蛋 130 克
細砂糖 100 克
牛奶 25 克
動物性鮮奶油 25 克
蜂蜜 20 克

Ⓑ 低筋麵粉 155 克
泡打粉 5 克

Ⓒ 無鹽奶油 150 克

- 份 量：2 盤（10 連貝殼模）
- 烤 溫：上火190℃ / 下火190℃
（單火190℃）
- 賞味期：室溫3 天/ 冷藏7 天

作法

- 原味瑪德蓮麵糊

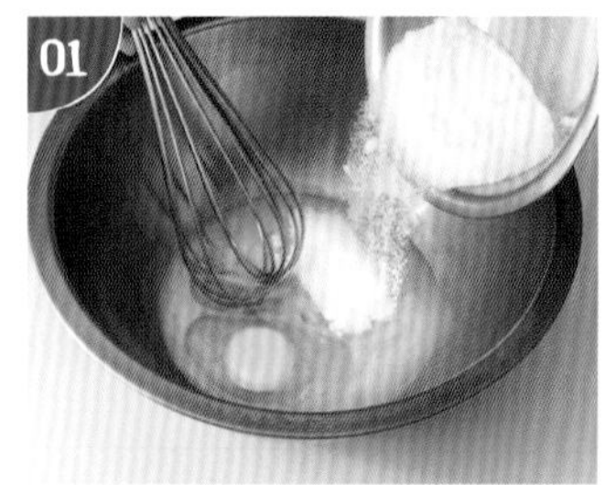

材料A全蛋、細砂糖放入鋼盆，拌勻至無顆粒。

再加入牛奶、動物性鮮奶油和蜂蜜，拌勻。

材料B過篩後加入作法２。

用打蛋器繼續拌勻至蛋液與粉類完全吸收，並且呈無粉狀的麵糊。

材料C放入小湯鍋，轉小火煮至完全融化。

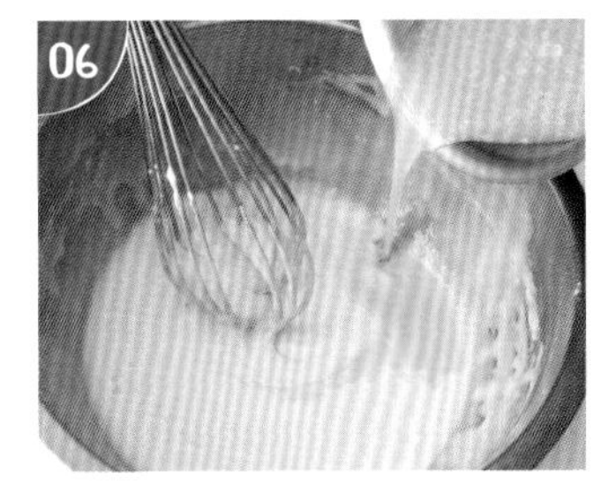

奶油液倒入作法4，邊倒邊拌勻。

接著裝入套平口花嘴的擠花袋，冷藏鬆弛20分鐘。

• 烘烤

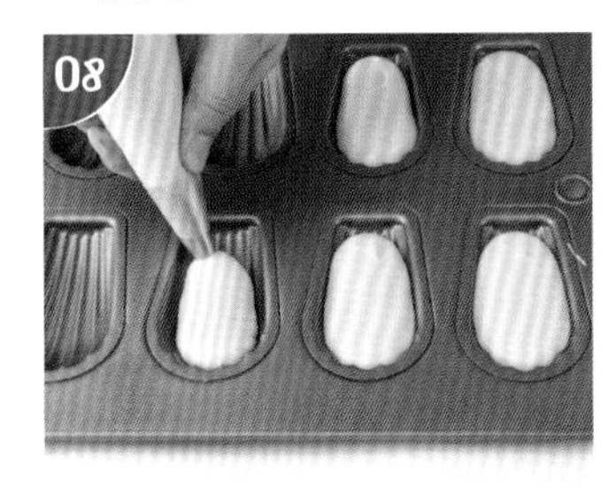

將麵糊擠入模具凹槽。

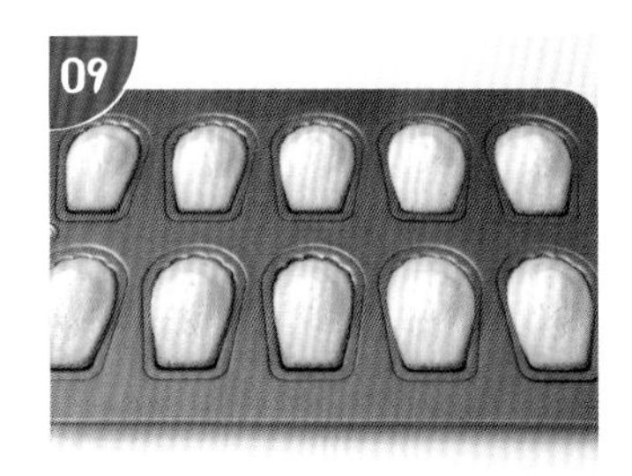

放入烤箱中層，烘烤10～12分鐘至熟。

趁熱小心脫模後待涼。

小叮嚀

＊使用的10連貝殼模，它的模具為長36.5×寬26.5×高1.7cm。

＊添加蜂蜜的麵糊，可提升風味和綿密滑順口感。

Rose Strawberry Madeleine

花樣玫瑰草莓瑪德蓮

變化1

草莓巧克力、翻糖小花點綴，
讓玫瑰風味麵糊擁有更多浪漫氣息。

材料

- 玫瑰瑪德蓮麵糊
  - Ⓐ 全蛋 130 克
    細砂糖 100 克
    牛奶 25 克
    動物性鮮奶油 25 克
    玫瑰醬 20 克
  - Ⓑ 低筋麵粉 155 克
    泡打粉 5 克
  - Ⓒ 無鹽奶油 150 克

- 裝飾
  - Ⓐ 草莓巧克力（非調溫）50 克
  - Ⓑ 橘色翻糖小花 20 朵→ P.030
    乾草莓丁 20 克

- 份量：2 盤（10 連貝殼模）
- 烤溫：上火190℃ / 下火190℃
  （單火190℃）
- 賞味期：室溫3 天/ 冷藏7 天

＊ 底線：與基礎款麵糊之區別。

作法

- 玫瑰瑪德蓮麵糊

01 材料A全蛋、細砂糖拌勻至無顆粒。

02 再加入牛奶、動物性鮮奶油和玫瑰醬，拌勻。

03 材料B過篩後加入作法2，拌勻至無粉狀。

04 材料C放入小湯鍋，轉小火煮至融化，再倒入作法3，邊倒邊拌勻。

接著裝入套平口花嘴的擠花袋，冷藏鬆弛20分鐘。

• 烘烤

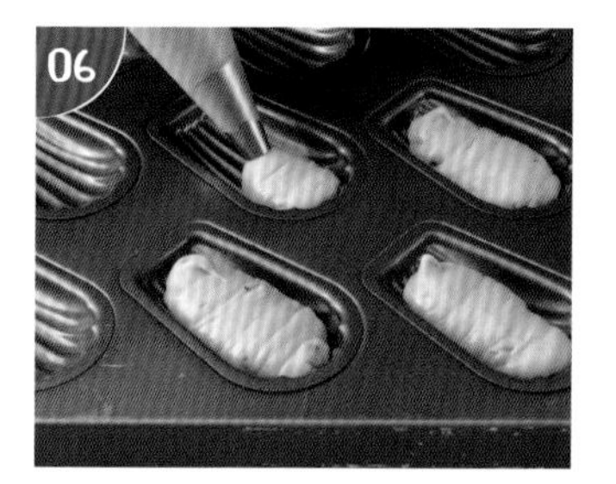

將麵糊擠入模具凹槽。

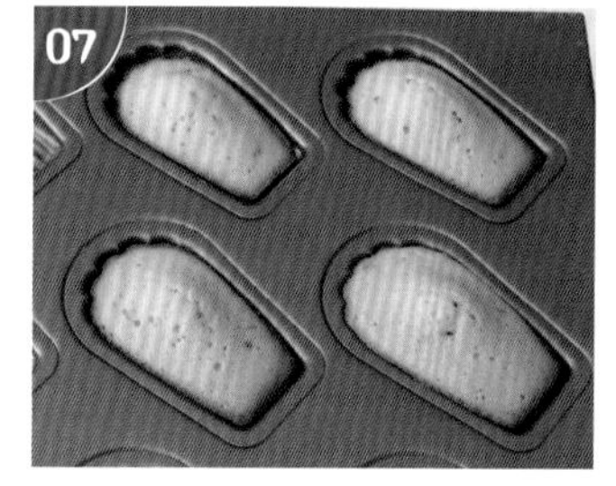

放入烤箱中層，烘烤10～12分鐘至熟。

趁熱小心脫模後放涼。

• 裝飾

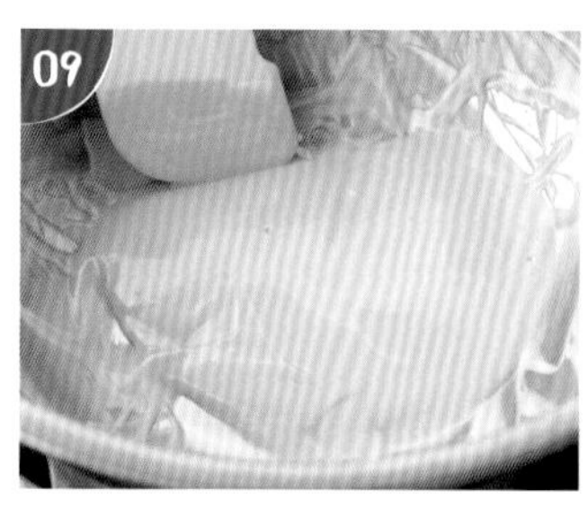

草莓巧克力轉小火隔水加熱融化。

玫瑰瑪德蓮2/3處沾裹適量草莓巧克力。

裝飾橘色小花、乾草莓丁，冷藏10分鐘凝固即可。

小叮嚀

* 將基礎款麵糊材料A的蜂蜜換成玫瑰醬，讓糕體充滿清雅花香。
* 購買市售玫瑰醬或自製，乾燥玫瑰花10克、細砂糖20克放入小湯鍋，轉小火煮至濃稠即關火。
* 若喜歡喝茶，可多煮些玫瑰醬，放涼後密封冷藏，平時泡茶飲用。

Orange Madeleine

繽紛橙香瑪德蓮甜甜圈

傳統貝殼換甜甜圈造型，
裹上雙色巧克力與彩色糖珠，帶來全新風貌。

材料

- 柳橙楓糖瑪德蓮麵糊
  - Ⓐ 全蛋 130 克
    細砂糖 100 克
    牛奶 25 克
    動物性鮮奶油 25 克
    楓糖漿 20 克
  - Ⓑ 低筋麵粉 155 克
    泡打粉 5 克
  - Ⓒ 無鹽奶油 150 克
  - Ⓓ 柳橙皮屑 + 汁 1/2 個
- 裝飾
  - Ⓐ 苦甜巧克力（非調溫）50 克
    草莓巧克力（非調溫）50 克
  - Ⓑ 食用彩色糖珠 30 克

＊ 底線：與基礎款麵糊之區別。

• 份 量：1.5 盤（6 連甜甜圈模）
• 烤 溫：上火190℃ / 下火190℃
（單火190℃）
• 賞味期：室溫3 天/ 冷藏7 天

作法

- 柳橙楓糖瑪德蓮麵糊

材料A全蛋、細砂糖拌勻至無顆粒。

再加入牛奶、動物性鮮奶油和楓糖漿，拌勻。

小叮嚀

＊使用的6連甜甜圈模，它的模具為長26×寬18×高1.4cm。

＊表面裝飾的巧克力可以換成白巧克力、檸檬巧克力等。

＊烘焙紙做的三角錐，亦可換成擠花袋、小塑膠袋。

材料B過篩後加入作法2，拌勻至無粉狀。

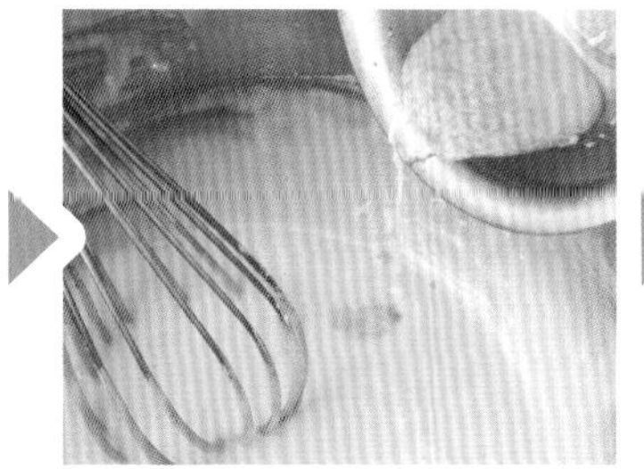

材料C放入小湯鍋，轉小火煮至融化，再倒入作法3，邊倒邊拌勻，再加材料D拌勻。

• 烘烤

接著裝入套平口花嘴的擠花袋，冷藏鬆弛20分鐘。

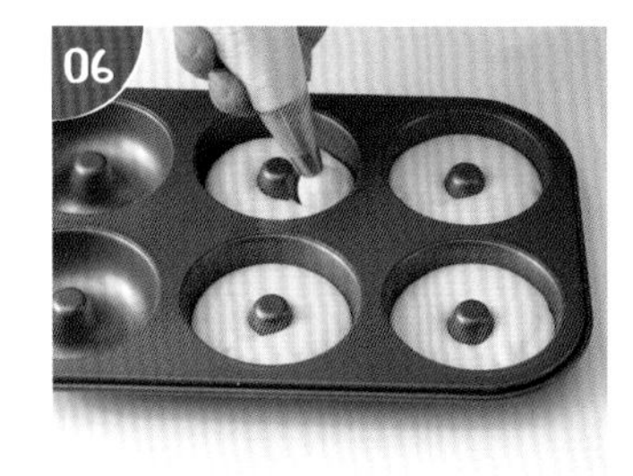

將麵糊擠入模具凹槽。

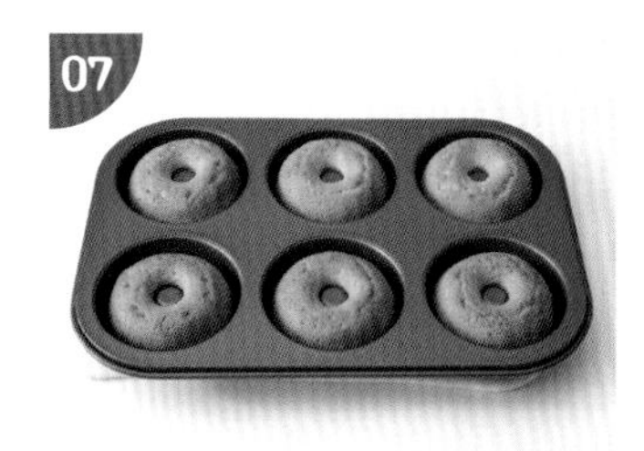

放入烤箱中層，烤10～12分鐘至熟。

• 裝飾

趁熱小心脫模後放涼。

材料A巧克力分別放入鋼盆，以小火隔水加熱融化。

融化的草莓巧克力裝入三角錐烘焙紙。

瑪德蓮表面沾裹適量苦甜巧克力，冷藏10分鐘凝固。

用草莓巧克力畫線條，裝飾彩色糖珠即可。

Chestnut Cocoa Madeleine

栗子可可瑪德蓮

變化3

麵糊添加迷人的咖啡酒與可可粉，
沾上脆脆的巴芮脆片，乍看很像栗子啊！

材料

- 栗子可可瑪德蓮麵糊

Ⓐ 全蛋 130 克
細砂糖 100 克
Kahlua 卡魯瓦咖啡酒 20 克
動物性鮮奶油 25 克
蜂蜜 20 克

Ⓑ 低筋麵粉 155 克
泡打粉 5 克
無糖可可粉 20 克
杏仁粉 20 克

Ⓒ 無鹽奶油 150 克

Ⓓ 熟栗子（切半）18 個

- 裝飾

Ⓐ 苦甜巧克力（非調溫）50 克
Ⓑ 巴芮脆片 50 克

- 份 量：3 盤（6 連栗子模）
- 烤 溫：上火190℃ / 下火190℃
（單火190℃）
- 賞味期：室溫3 天/ 冷藏7 天

＊ 底線：與基礎款麵糊之區別。

作法

- 栗子可可瑪德蓮麵糊

材料A全蛋、細砂糖放入鋼盆，拌勻至無顆粒。

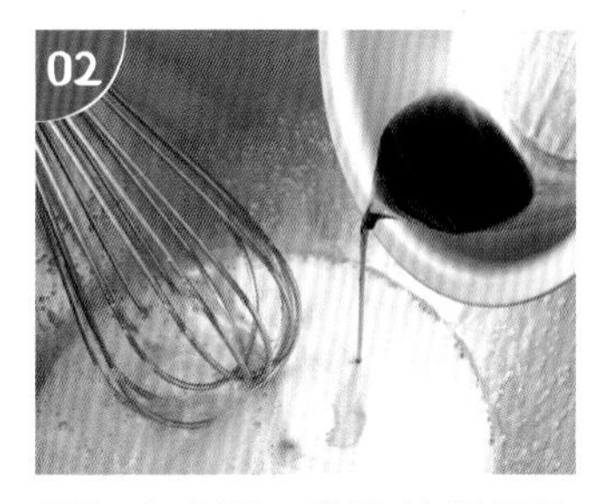

再加咖啡酒、動物性鮮奶油和蜂蜜。

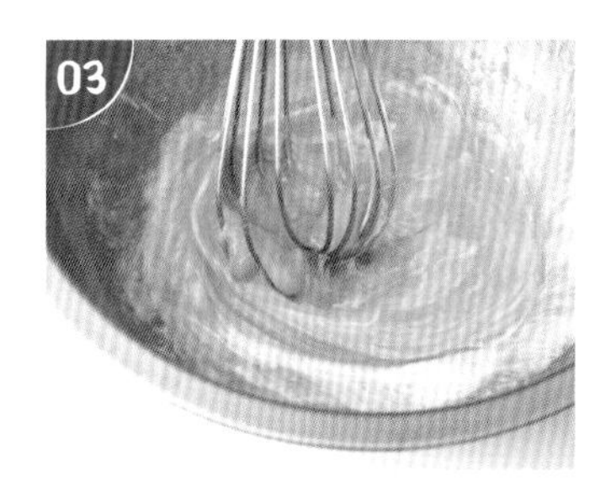

繼續用打蛋器拌勻。

材料B過篩後加入作法3，拌勻至無粉狀。

材料C放入小湯鍋，轉小火煮至完全融化，再倒入作法4，邊倒邊拌勻。

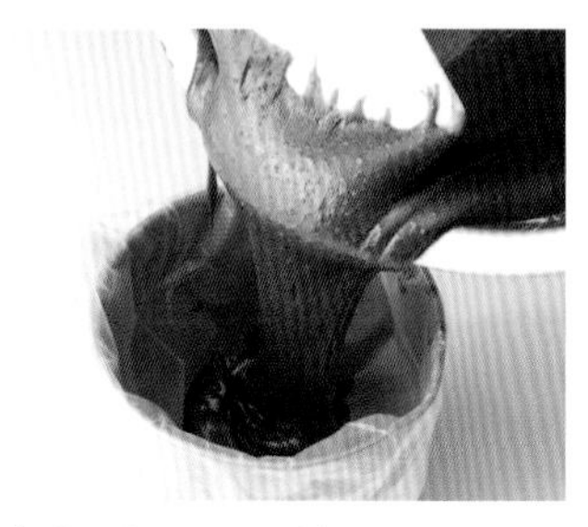

接著裝入套平口花嘴的擠花袋，冷藏鬆弛20分鐘。

• 烘烤

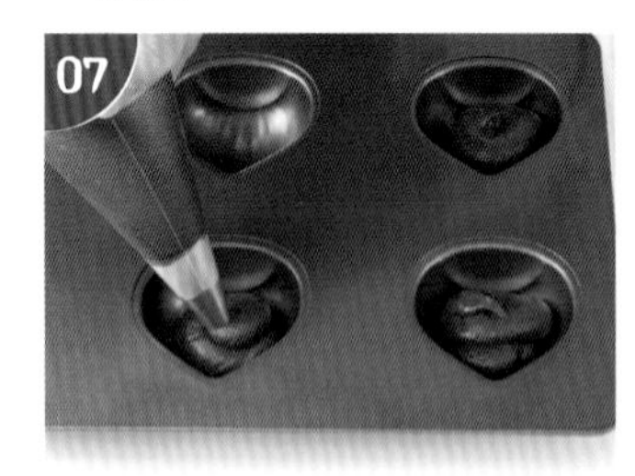

將麵糊擠入模具凹槽，在麵糊中心填入栗子，接著擠上麵糊至8分滿。

放入烤箱中層，烘烤10～12分鐘至熟。

趁熱小心脫模後放涼。

• 裝飾

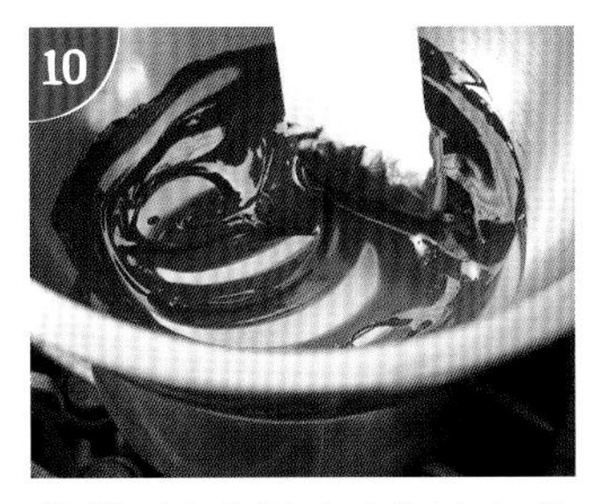

苦甜巧克力以小火隔水加熱融化。

巴芮脆片裝入塑膠袋擀碎，再倒入調理碗。

栗子可可瑪德蓮鈍端（底部）1/4處沾裹適量苦甜巧克力。

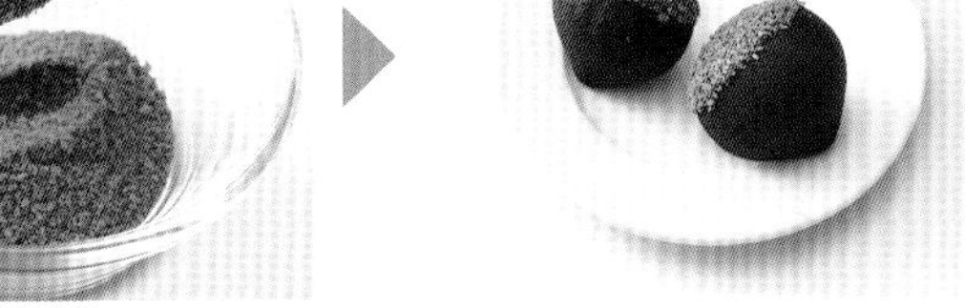

再沾上巴芮脆片，放入冰箱冷藏10分鐘凝固即可。

小叮嚀

*使用的6連栗子模，它的模具為長30×寬20×高2cm。
*融化好的奶油液倒入麵糊，邊倒邊拌更容易拌均勻。
*熟栗子可到便利商店或超市購買，勿買生的栗子。
*烘焙材料行可買到酥脆口感的巴芮脆片。

Lemon Fruity Marshmallow Madeleine

檸檬果香棉花糖瑪德蓮

黏上像頭髮的棉花糖，巧克力畫上微笑表情，
吃了會開心的蛋糕。

材料

- 檸檬瑪德蓮麵糊
  Ⓐ 原味瑪德蓮麵糊 1 份→ P.039
  Ⓑ 檸檬皮屑＋汁 1/2 個
- 檸檬糖霜 1 份→ P.029
- 裝飾
  Ⓐ 苦甜巧克力（非調溫）50 克
  草莓巧克力（非調溫）50 克
  Ⓑ 彩色小棉花糖 50 克

＊ 底線：與基礎款麵糊之區別。

- 份量：2 盤（10 連貝殼模）
- 烤溫：上火190℃ / 下火190℃
  （單火190℃）
- 賞味期：室溫3 天/ 冷藏7 天

作法

• 檸檬瑪德蓮麵糊

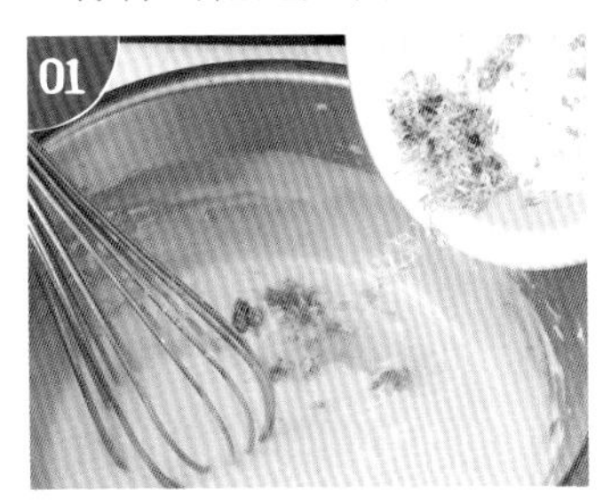

將材料B加入原味瑪德蓮麵糊，拌勻。

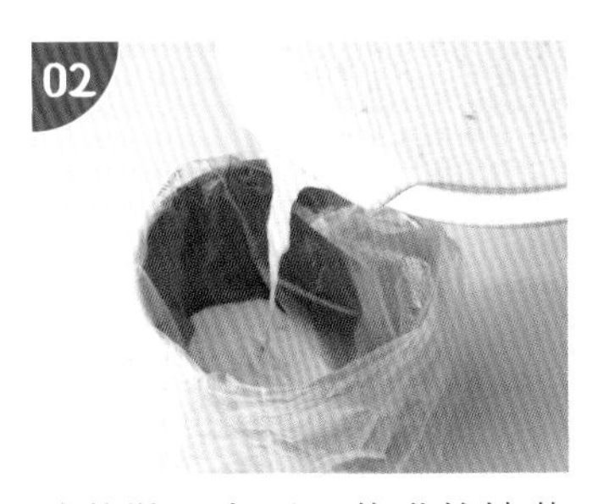

接著裝入套平口花嘴的擠花袋，冷藏鬆弛20分鐘。

• 烘烤

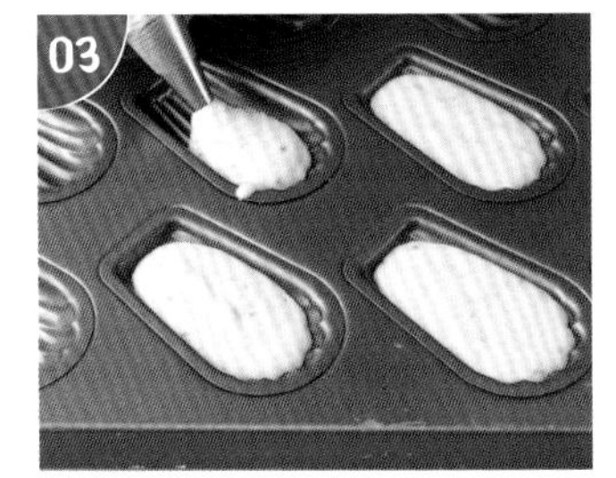

將麵糊擠入模具凹槽。

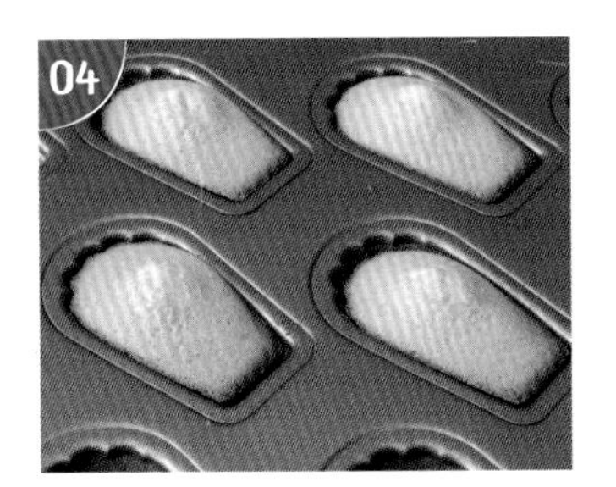

放入烤箱中層，烘烤10～12分鐘至熟，取出後脫模。

• 裝飾

材料A分別小火隔水加熱融化，再裝入三角錐烘焙紙備用。

檸檬瑪德蓮1/2處沾裹適量檸檬糖霜。

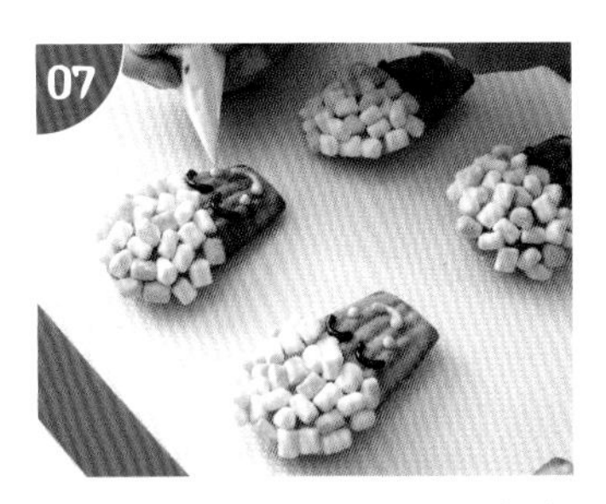

黏上棉花糖，用巧克力畫表情，冷藏10分鐘凝固即可。

小叮嚀

* 檸檬皮請勿刨下白色部分，容易有苦味。
* 融化巧克力裝飾表情可隨喜好創作。

費南雪

費南雪最大特色是充滿濃郁的杏仁味，以及添加焦香奶油所散發出的榛果香氣，又因長條的外型，所以有「金磚蛋糕」之稱。與瑪德蓮、磅蛋糕比較，費南雪麵粉含量較低、僅使用蛋白（無蛋黃）且不需要打發，而是將杏仁粉與蛋白直接混合成不帶空氣感的乳狀。

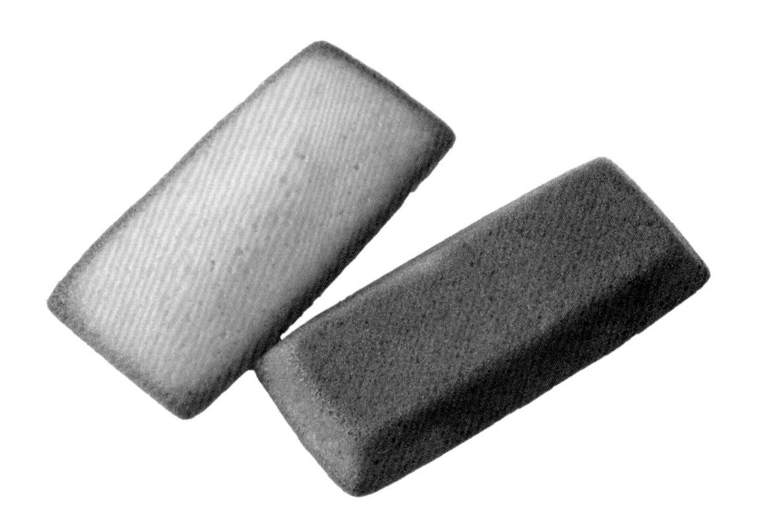

Point

1

麵糊冷藏20分鐘
膨脹效果佳

費南雪麵糊拌好後冷藏鬆弛20分鐘，讓材料有時間充分融合乳化，可達到更好的膨脹效果，並且形成糕體外酥脆、內鬆軟的口感。

Point

奶油小火焦化
產生堅果香氣

轉小火煮無鹽奶油至焦化，火候不宜大。焦化後的奶油會產生堅果香，剛煮好的質地偏液體，放涼後呈半透明像糖漿的褐色。

Point

麵糊入模勿滿
留空間膨脹

擠麵糊入費南雪模具至 6 分滿就好，保留加熱膨脹後的空間；若填太滿，則麵糊在烘烤過程會溢出。

Financier

原味費南雪

充滿濃郁的杏仁味、焦香奶油香氣，
外觀像金磚般的常溫蛋糕。

材料

- 原味費南雪麵糊
  - Ⓐ 蛋白 3 個
    細砂糖 60 克
  - Ⓑ 低筋麵粉 35 克
    杏仁粉 40 克
    泡打粉 1 克
  - Ⓒ 牛奶 15 克
  - Ⓓ 無鹽奶油 65 克
    白蘭地 2 克

・份 量：1 盤
（8 連長方形費南雪模）
・烤 溫：上火190℃ / 下火190℃
（ 單火190℃ ）
・賞味期：室溫3 天/ 冷藏7 天

作法

- 原味費南雪麵糊

材料A放入鋼盆，用打蛋器拌勻至無顆粒。

材料B過篩後加入作法 1 ，用打蛋器繼續拌勻至無粉狀的麵糊。

材料C牛奶加入作法2，攪拌均勻。

材料D無鹽奶油放入小湯鍋，轉小火煮至融化，繼續煮到焦化（金黃褐色）。

再倒入作法3，邊倒邊拌勻。

白蘭地加入作法5，拌勻。

接著裝入套平口花嘴的擠花袋，冷藏鬆弛20分鐘。

- 烘烤

將麵糊擠入模具凹槽。

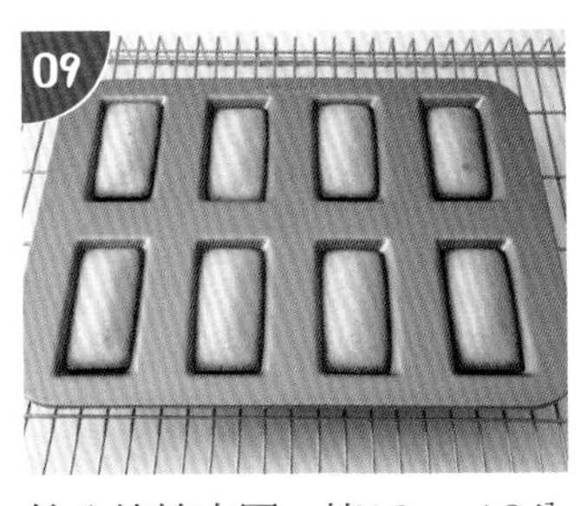

放入烤箱中層，烤10～12分鐘至熟。

趁熱小心脫模後放涼。

小叮嚀

＊使用的8連長方形費南雪模，它的模具為長36.5×寬26.5×高1.6cm。

＊加入焦化奶油是費南雪的特色，全程必須小火慢煮。

Raspberry Financier

覆盆子花朵費南雪

變化 1

覆盆子果泥麵糊，裹上草莓巧克力、
點綴翻糖小花，漂亮又迷人的組合。

材料

- 覆盆子費南雪麵糊
  - Ⓐ 蛋白 3 個
    細砂糖 60 克
  - Ⓑ 低筋麵粉 35 克
    杏仁粉 40 克
    泡打粉 1 克
  - Ⓒ 覆盆子果泥 15 克
  - Ⓓ 無鹽奶油 65 克

- 裝飾
  - Ⓐ 草莓巧克力（非調溫）50 克
  - Ⓑ 黃色翻糖小花 10 朵→ P.030
  - Ⓒ 乾覆盆子丁 10 克

- 份量：1 盤
  （8 連長方形費南雪模）
- 烤溫：上火190℃ / 下火190℃
  （單火190℃）
- 賞味期：室溫3 天/ 冷藏7 天

＊ 底線：與基礎款麵糊之區別。

作法

- 覆盆子費南雪麵糊

材料A拌勻至無顆粒狀，加入過篩的材料B拌勻至無粉狀。

材料C加入作法1，拌勻。

材料D放入小湯鍋，轉小火煮至焦化（金黃褐色），再倒入作法2，邊倒邊拌勻。

接著裝入套平口花嘴的擠花袋，冷藏鬆弛20分鐘。

• 烘烤

將麵糊擠入模具凹槽，均勻鋪上乾覆盆子丁。

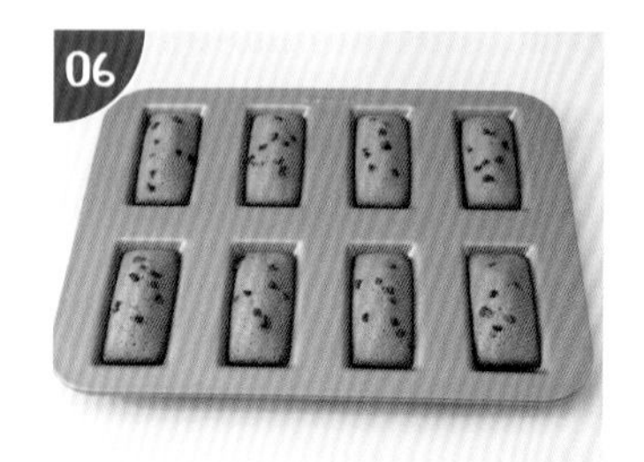

放入烤箱中層，烘烤10～12分鐘至熟。

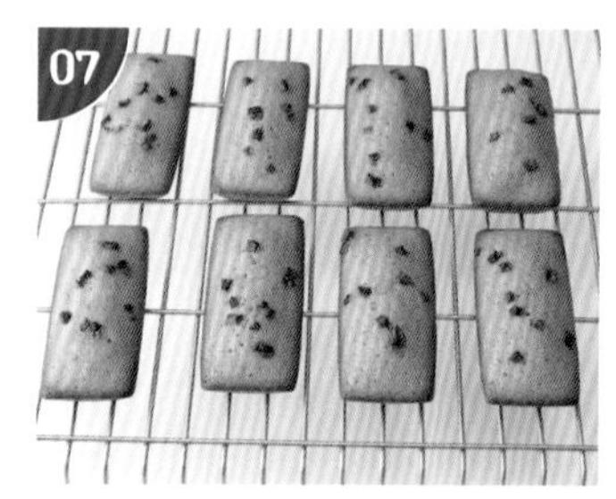

趁熱小心脫模後放涼。

• 裝飾

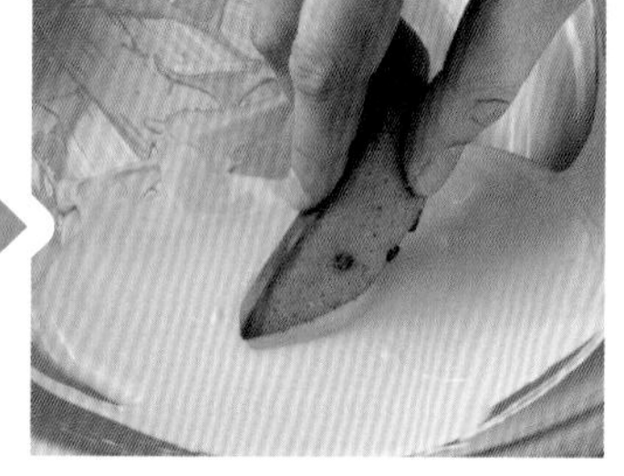

草莓巧克力轉小火隔水加熱融化，瑪德蓮1/3處沾裹適量草莓巧克力。

裝飾黃色小花，冷藏10分鐘凝固即可。

小叮嚀

＊覆盆子果泥烘焙材料可買到，也可換成草莓果泥、芒果果泥等喜歡的水果。

＊可至烘焙材料行購買彩色翻糖，隨喜好用壓模壓出形狀來裝飾。

Coffee Walnut Financier

咖啡核桃夾心費南雪

變化2

卡魯瓦咖啡酒遇到咖啡醬、核桃，
味道默契足，嗜咖啡者一定要嘗嘗看。

材料

- 咖啡費南雪麵糊
  - Ⓐ 蛋白 3 個
    細砂糖 60 克
  - Ⓑ 低筋麵粉 35 克
    杏仁粉 40 克
    泡打粉 1 克
  - Ⓒ 即溶咖啡粉 1 克
    Kahlua 卡魯瓦咖啡酒 15 克
  - Ⓓ 無鹽奶油 65 克
- 咖啡奶油餡
  - Ⓐ 細砂糖 50 克
    水 20 克
  - Ⓑ 蛋黃 30 克
    細砂糖 10 克
  - Ⓒ 咖啡醬 5 克
    Kahlua 卡魯瓦咖啡酒 15 克
  - Ⓓ 無鹽奶油（切小塊）100 克
- 裝飾
  - Ⓐ 核桃（切碎）10 克
  - Ⓑ 糖粉 10 克

* 底線：與基礎款麵糊之區別。

- 份 量：1 盤
  （8 連長方形費南雪模）
- 烤 溫：上火190℃ / 下火190℃
  （ 單火190℃ ）
- 賞味期：冷藏4 天

作法

• 咖啡費南雪麵糊

材料A拌勻，加入過篩的材料B拌勻至無粉狀。

材料C拌勻後加入作法1，拌勻。

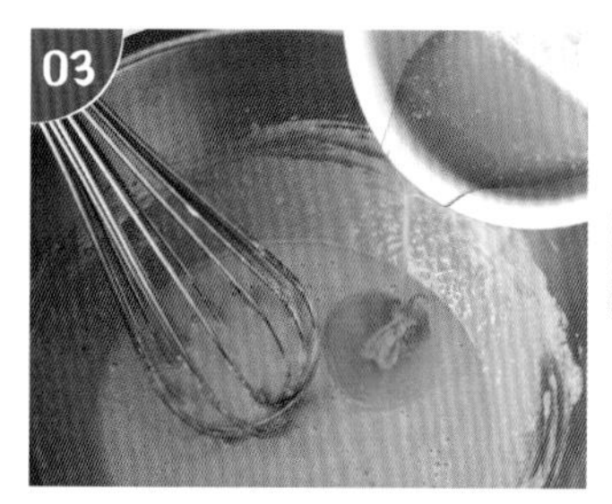

材料D轉小火煮至焦化（金黃褐色），加入作法2，拌勻。

接著裝入套平口花嘴的擠花袋，冷藏鬆弛20分鐘。

• 烘烤

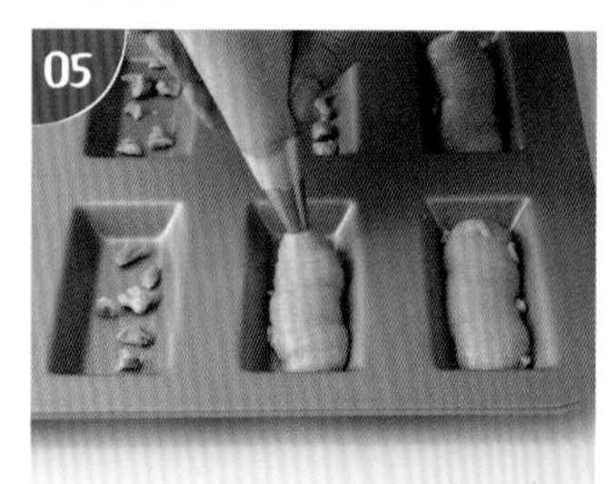

核桃碎平均鋪於模具凹槽，再擠入麵糊。

放入烤箱中層，烘烤10～12分鐘至熟，趁熱小心脫模後放置涼架，待涼。

製作重點

* Kahlua卡魯瓦咖啡酒帶咖啡香氣並具甜味，是烘焙甜點常用酒類。
* 咖啡醬用咖啡豆、可可脂、奶油和糖經過碳燒後再精磨而成的濃縮咖啡醬，加入麵糊或咖啡奶油餡時，兼具芳香與滑順口感。
* 煮咖啡奶油餡材料A時，溫度勿超過117℃，否則沖入材料B時，糖容易結晶。
* 作法8打發至乳白色濃稠狀，目的是讓空氣加入製造蓬鬆感，使咖啡奶油餡有綿密入口即化的口感。降溫33～35℃，才能把奶油加入，若溫度太高，則奶油易融化成液體。

• 咖啡奶油餡

材料A放入小湯鍋，以小火煮至117℃。

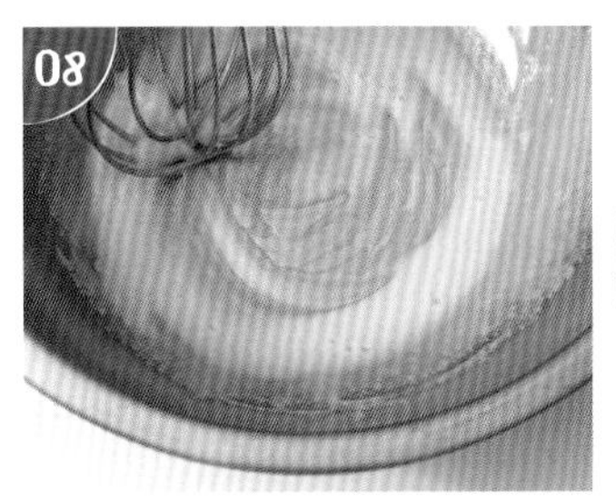

材料B拌打至糖溶解，將作法7沖入，邊沖邊打發至乳白色濃稠狀，降溫33～35℃。

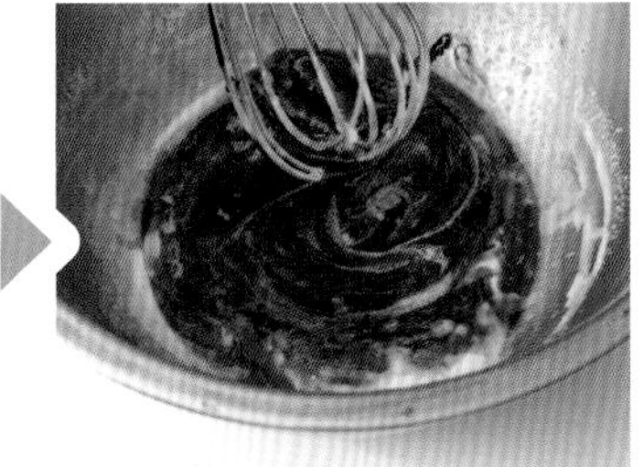

材料C加入作法8，拌勻至產生紋路的膏狀。

材料D加入作法9，拌勻。

裝入套平口花嘴的擠花袋。

• 組合裝飾

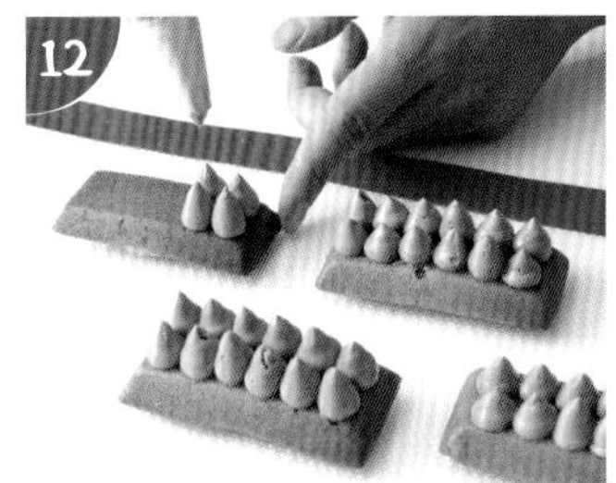

取5片咖啡費南雪，擠上咖啡奶油餡。

蓋上另外1片咖啡費南雪，表面篩上糖粉即可。

Earl Grey Financier

伯爵茶風味費南雪

變化3

費南雪與伯爵茶葉非常合拍，
烘烤後撲鼻而來淡淡的茶香。

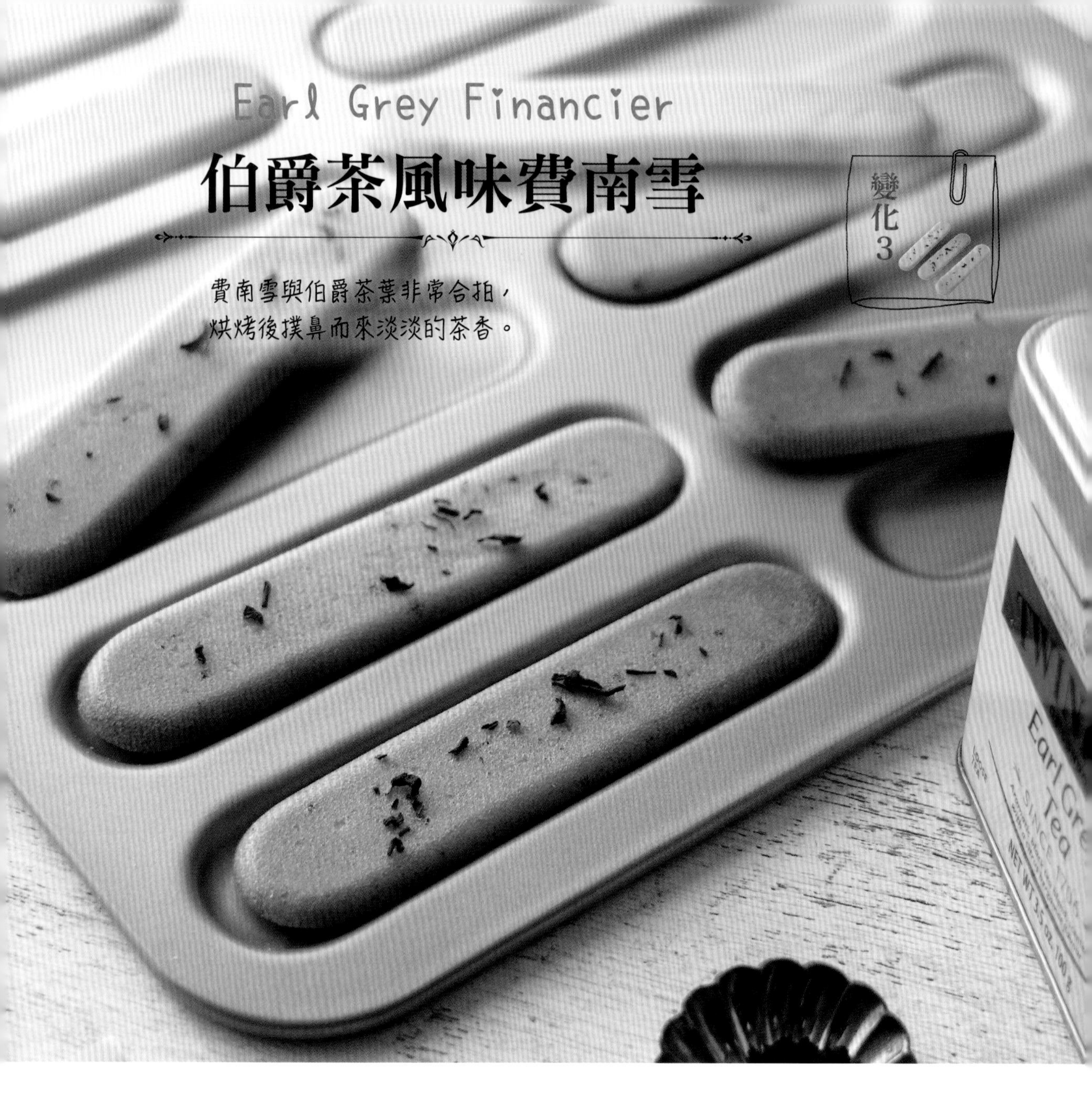

材料

- 伯爵茶費南雪麵糊
  - Ⓐ 蛋白 3 個
    細砂糖 60 克
  - Ⓑ 低筋麵粉 35 克
    杏仁粉 40 克
    泡打粉 1 克
  - Ⓒ 牛奶 15 克
    伯爵茶葉（切碎）3 克
  - Ⓓ 無鹽奶油 65 克
- 裝飾
  - Ⓐ 伯爵茶葉（切碎）20 克

＊ 底線：與基礎款麵糊之區別。

・份 量：1 盤（14 連長條模）
・烤 溫：上火190℃ / 下火190℃
（ 單火190℃ ）
・賞味期：室溫3 天/ 冷藏7 天

• 伯爵茶費南雪麵糊

材料A拌勻，加入過篩的材料B拌勻至無粉狀。

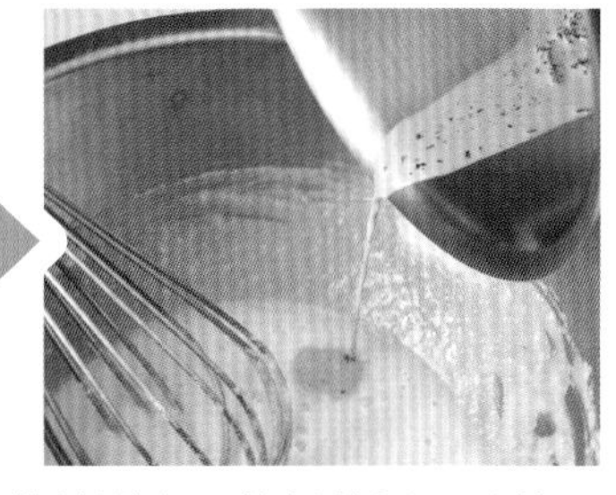

牛奶轉小火煮沸，放入伯爵茶葉後關火，蓋鍋蓋燜5分鐘，再加入作法1，拌勻。

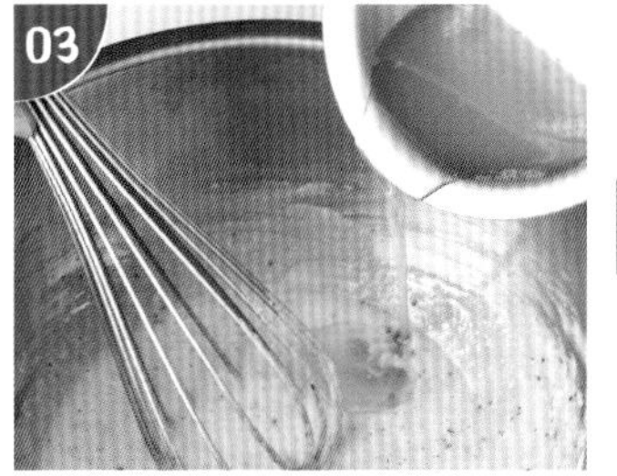

材料D轉小火煮至焦化（金黃褐色），加入作法2，邊倒邊用打蛋器拌勻。

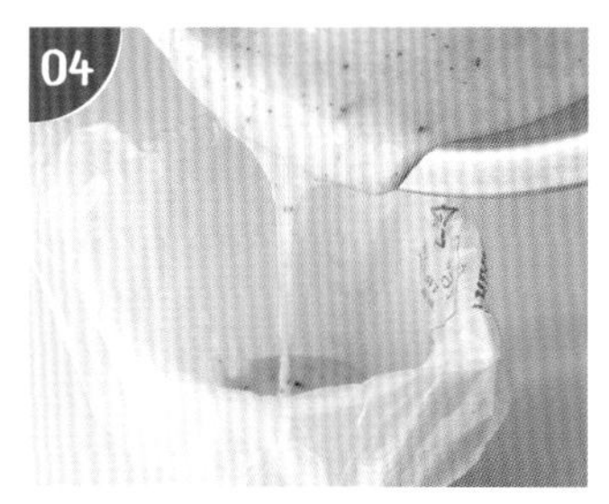

接著裝入套平口花嘴的擠花袋，冷藏鬆弛20分鐘。

• 烘烤

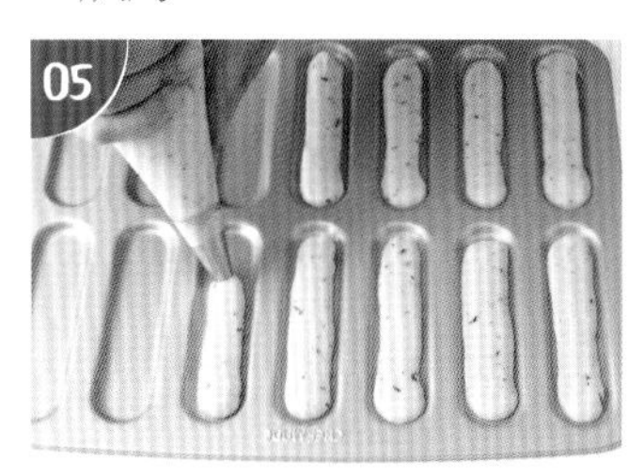

麵糊擠入模具凹槽，烘烤10～12分鐘至熟。

趁熱脫模後放涼，裝飾伯爵茶葉即可。

小叮嚀

* 使用的14連長條模，它的模具為長26×寬20×高2cm。
* 伯爵茶葉務必切碎並燜5分鐘，讓茶香更入味，伯爵茶葉可換成喜歡的茶葉，例如：烏龍茶、茉莉花茶。

磅蛋糕

傳統磅蛋糕意指麵粉、油脂、砂糖及蛋各1磅，使用固體油脂、利用粉油拌合法（打發後拌入空氣的特性），讓麵糊經由攪拌打發而產生膨脹及鬆軟的質地，為了避免高油脂導致油水分離，配方中具乳化劑作用的蛋黃不可少。

Point 1

全蛋牛奶加熱40℃ 避免麵糊油水分離

蛋、牛奶需要加熱 40℃，才能與麵糊充分拌勻達到乳化，如此不易油水分離。蛋液分次加入麵糊，可以讓材料彼此確實拌勻。

Point

糕體表面結皮劃 1 刀 產生漂亮裂痕

烘烤過程看到表面結皮，用小刀在表面輕劃 1 刀後繼續烘烤，如此能呈現 1 條漂亮裂痕。若是表面有鋪料的麵糊，就可省略劃刀步驟。

Point

磅蛋糕烤好隔天吃 組織變得濕潤柔軟

烤完後放至隔天，糕體變得更濕潤柔軟（俗稱回油），即蛋及麵粉乳化的水和油，在常溫過程分離，水分揮發完後油脂釋出浸透蛋糕體。

Classic Pound Cake

經典磅蛋糕

風味單純、適合常溫外帶的經典磅蛋糕，
是旅人蛋糕最佳代表之一。

材料

- 原味磅蛋糕麵糊

  Ⓐ 無鹽奶油 270 克

  Ⓑ 低筋麵粉 285 克

  泡打粉 5 克

  Ⓒ 全蛋 5 個

  糖粉 265 克

  Ⓓ 牛奶 45 克

- 份 量：2 個磅蛋糕模（長17.5 × 寬8.5 × 高7cm）
- 烤 溫：上火180℃ / 下火180℃（單火180℃）
- 賞味期：室溫3 天/ 冷藏7 天

作法

- 原味磅蛋糕麵糊

材料A回軟後放入攪拌缸，再加入過篩的材料B，先用低速拌勻。

轉中速，繼續打發。

看到從鮮黃色逐漸變乳白色蓬鬆狀。

材料C放入鋼盆，用打蛋器拌勻，以小火隔水加熱至40℃為蛋液。

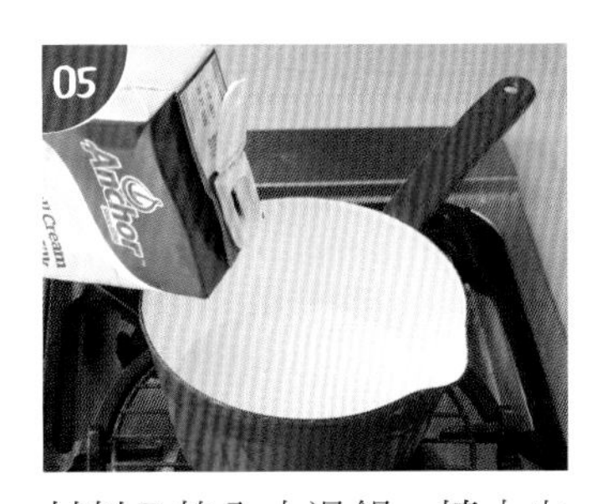

材料D放入小湯鍋，轉小火加熱至40℃。

作法4蛋液分次加入作法3，邊加邊拌勻。

作法5牛奶加入作法6，繼續拌勻成麵糊。

• 烘烤

麵糊倒入鋪烘焙紙的模具，用刮刀抹平，再放入烤箱中層烤20分鐘。

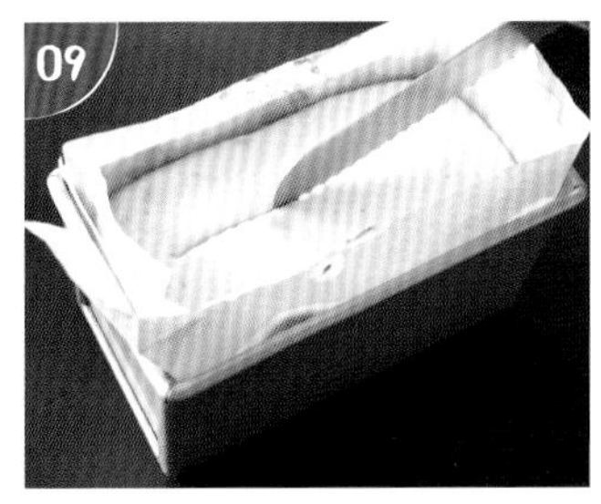

待表面結皮，取出後用小刀在蛋糕表面輕劃1刀。

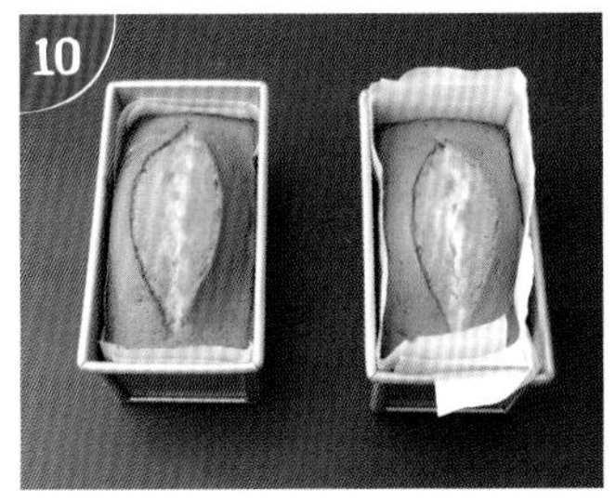

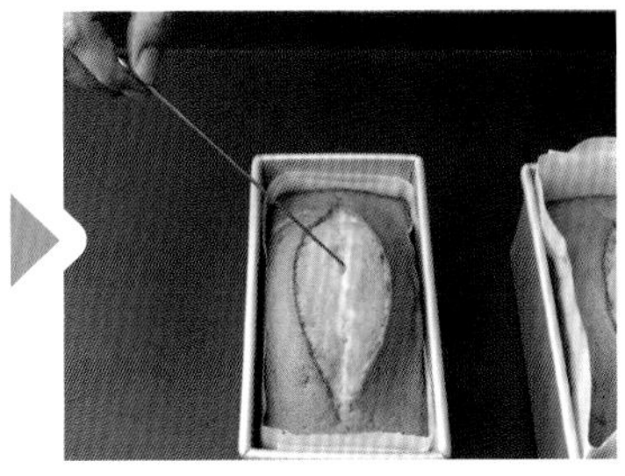

續烤20～25分鐘至熟，用竹籤插入糕體，抽出後乾淨未黏麵糊表示熟了。

趁熱小心撕開周圍烘焙紙，放涼。

小叮嚀

* 模具鋪烘焙紙教學見P.024，若使用不沾模具，則不必鋪紙。
* 電動攪拌機攪拌麵糊時，先慢速混合材料，若一開始就快高速，粉類很容易噴出。
* 磅蛋糕麵糊拌好後需要立刻烘烤，比較不會影響口感與膨脹狀態。

Passionfruit Oolong tea Pound Cake

百香果烏龍茶磅蛋糕

糕體帶著烏龍茶香，
內含像果凍般的百香果庫利，多重味蕾感受。

材料

- 烏龍茶磅蛋糕麵糊
  - Ⓐ 無鹽奶油 270 克
  - Ⓑ 低筋麵粉 285 克
    泡打粉 5 克
  - Ⓒ 全蛋 5 個
    糖粉 265 克
  - Ⓓ 牛奶 45 克
    烏龍茶葉 2 克
- 百香果庫利
  - Ⓐ 吉利丁片 2 片
  - Ⓑ 百香果果泥 250 克
    細砂糖 50 克

＊ 底線：與基礎款麵糊之區別。

・份 量：2 個磅蛋糕模
（長17.5 × 寬8.5 × 高7cm）
・烤 溫：上火180℃ / 下火180℃
（ 單火180℃ ）
・賞味期：冷藏4 天

作法

• 烏龍茶磅蛋糕麵糊

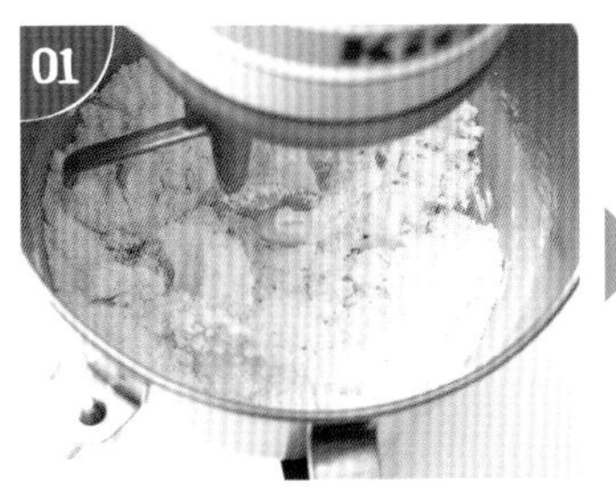

材料A回軟後放入攪拌缸，再加入過篩的材料B，打發至乳白色蓬鬆狀。

材料C拌勻，轉小火隔水加熱至40℃為蛋液。

材料D牛奶以小火煮沸，放入烏龍茶葉後關火，蓋鍋蓋燜5分鐘。

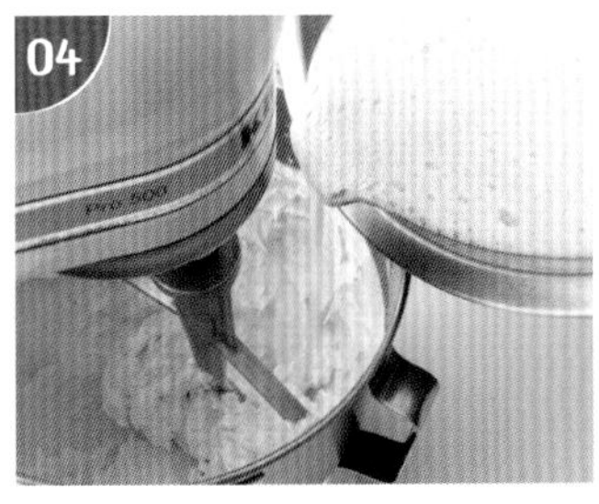

蛋液分次加入作法1，邊加邊拌勻。

煮好的材料D加入作法4，繼續拌勻成麵糊。

• 烘烤

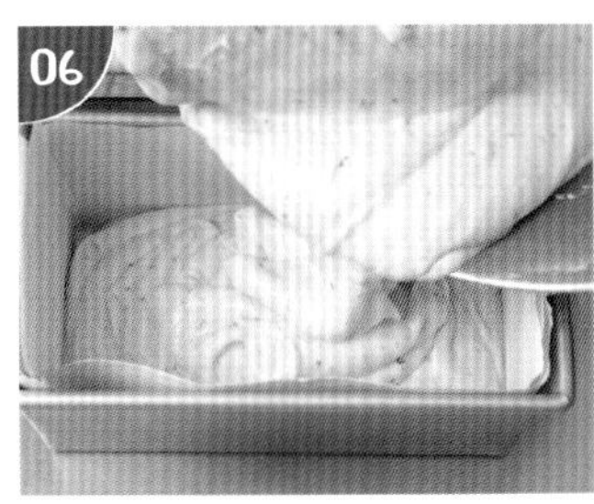

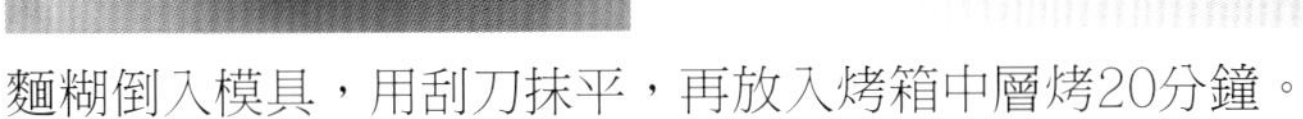
麵糊倒入模具，用刮刀抹平，再放入烤箱中層烤20分鐘。

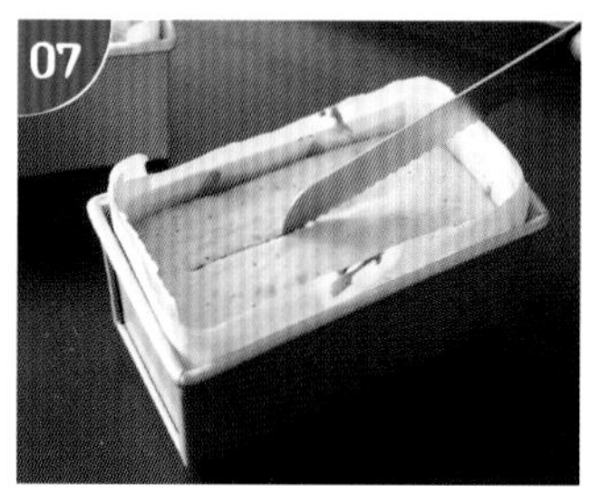

待表面結皮，取出後用小刀在蛋糕表面輕劃1刀。

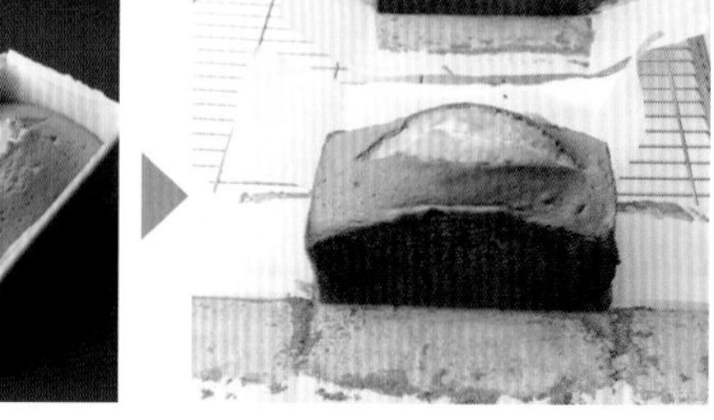

續烤20～25分鐘至熟，趁熱小心撕開烘焙紙，放涼。

• 百香果庫利

吉利丁片泡冰水變軟。

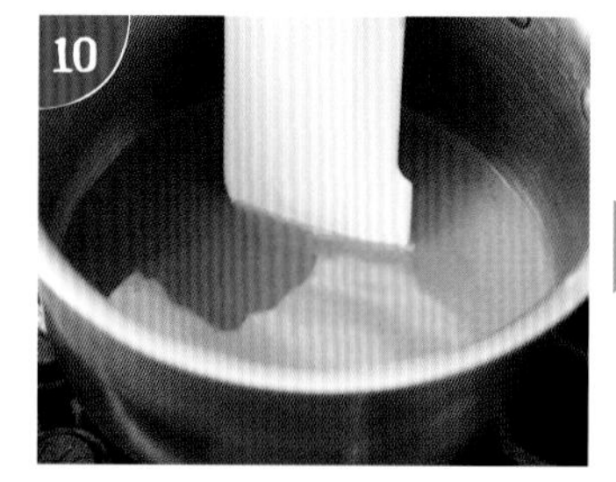

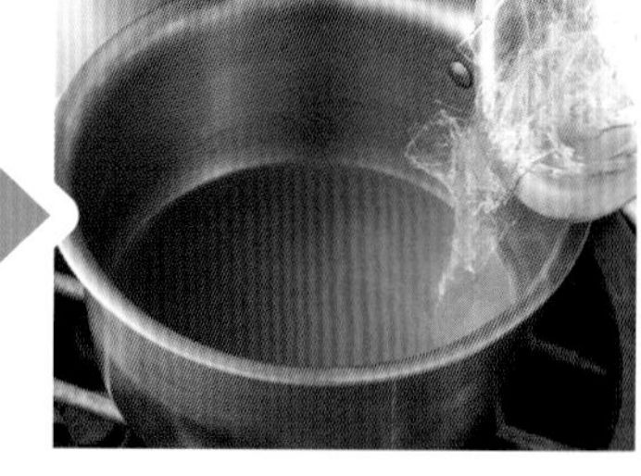

材料B轉小火煮至70℃，加入擠乾的吉利丁片，拌勻後降溫至30℃。

• 組合

烏龍茶磅蛋糕表面修平，切出1個三角形淺凹槽。

百香果庫利倒入凹槽，冷凍1小時凝固。

小叮嚀

＊吉利丁片泡冰水勿泡至完全溶於水，變軟就可以拿起來並擠乾水分。

＊百香果果泥可換成葡萄柚果泥。

Crumble Cheese Pound Cake

酥菠蘿起司磅蛋糕

變化

原味磅蛋糕麵糊加奶油起司、分蛋作法，
讓這道甜點兼具綿密與厚實口感。

材料

- 起司磅蛋糕麵糊
  - Ⓐ 奶油起司 85 克
    無鹽奶油 85 克
    糖粉 85 克
  - Ⓑ 低筋麵粉 90 克
    玉米粉 10 克
    泡打粉 2 克
  - Ⓒ 蛋黃 2 個
  - Ⓓ 檸檬皮屑＋汁 1/4 個
  - Ⓔ 蛋白 2 個
    細砂糖 40 克
- 酥菠蘿 1 份→ P.029
- 起司香堤鮮奶油 1 份→ P.028
- 裝飾
  - Ⓐ 糖粉 20 克

・份 量：1 個磅蛋糕模
（長17.5 × 寬8.5 × 高7cm）
・烤 溫：上火190℃ / 下火180℃
（ 單火185℃ ）
・賞味期：冷藏4 天

作法

・起司磅蛋糕麵糊

材料Ａ奶油起司、奶油回軟後放入攪拌缸，打發至變成乳白色蓬鬆狀。

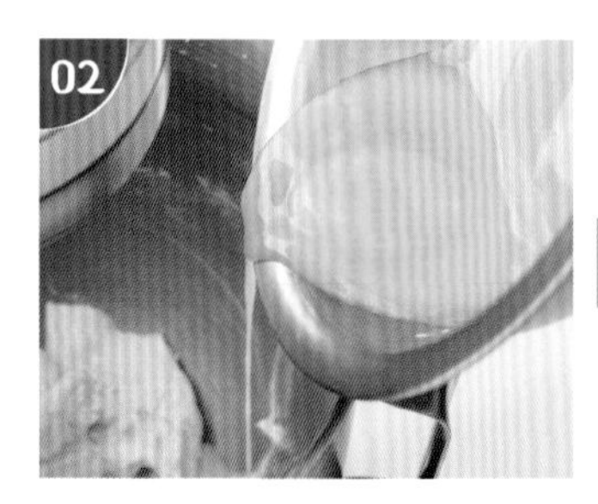
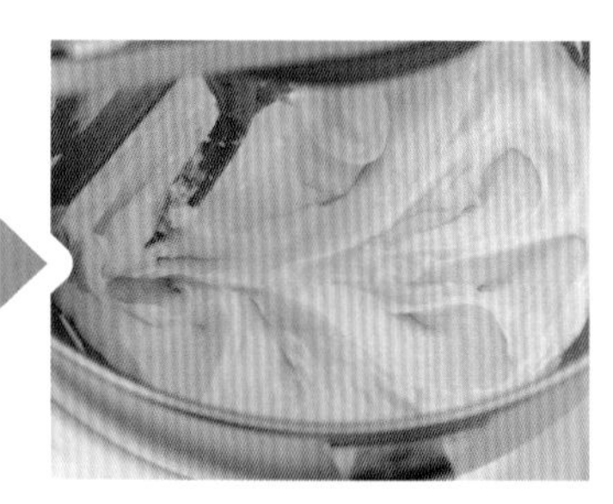

再加入材料Ｃ拌勻，可看到光澤的蛋糊。

小叮嚀

＊上火的溫度比較高，主要讓蛋糕表面的酥菠蘿著色深一點；下火溫度較低，是盡量不讓蛋糕表面爆開。

＊由於麵糊表面有酥菠蘿，所以烘烤中途不需要劃 1 刀。

＊依據原味磅蛋糕製法改成分蛋法製作，並透過蛋白打發提升起司磅蛋糕的口感層次，是 1 款兼具輕乳酪蛋糕綿密與奶油磅蛋糕厚實的磅蛋糕。

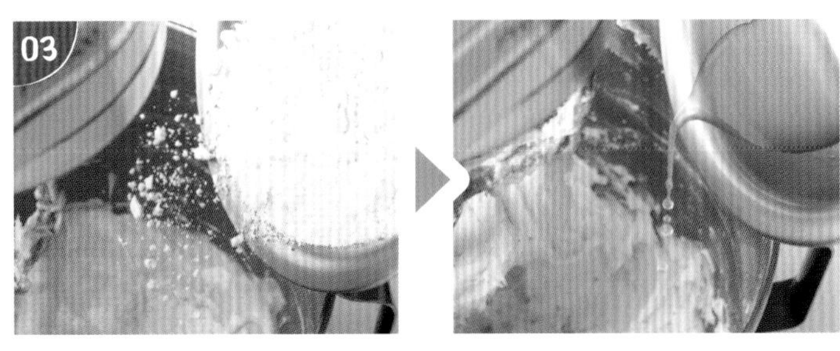

接著加入過篩的材料B、材料D，拌勻。

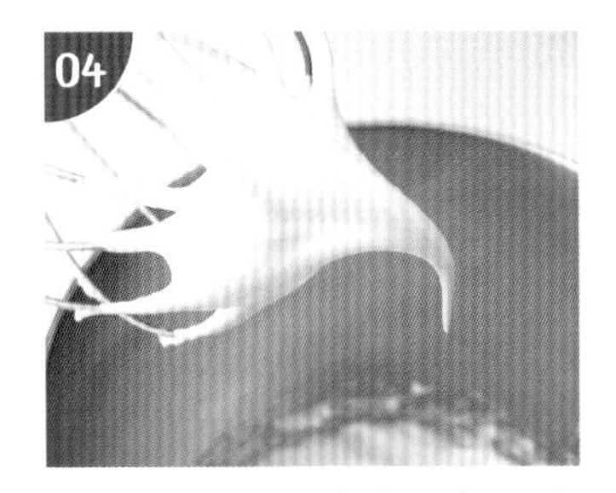

材料E打發至濕性偏硬性發泡（蛋白霜尖端呈鷹勾嘴狀）。

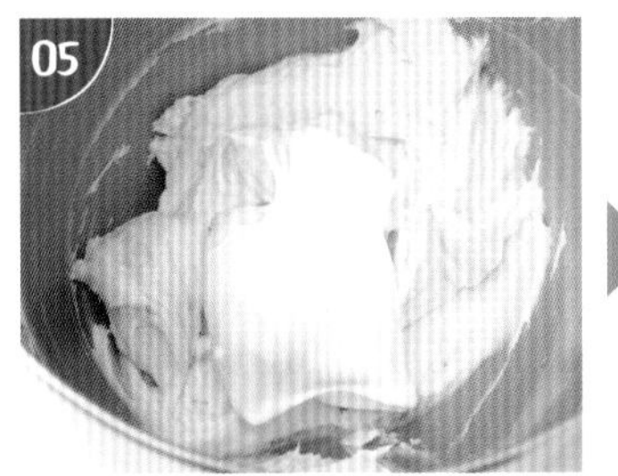

蛋白霜分次加入作法3，用刮刀拌勻，即看到起司麵糊呈蓬鬆濃稠狀態。

• 烘烤

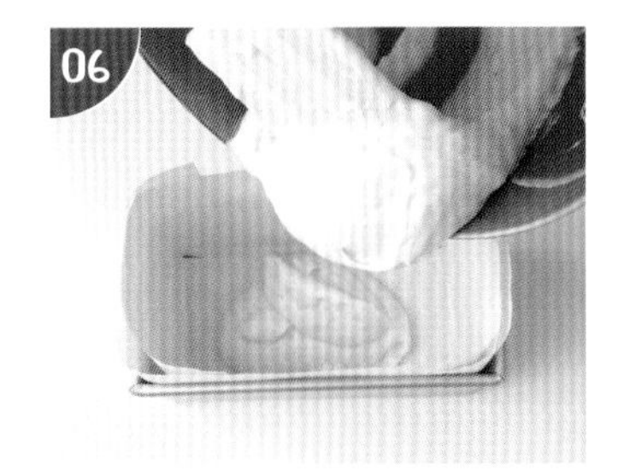

麵糊倒入模具，用矽膠刮刀抹平。

均勻鋪上酥菠蘿，放入烤箱中層烤40～45分鐘至熟，趁熱撕開烘焙紙，放涼。

• 組合裝飾

蛋糕橫切3片，中間2層抹適量起司香堤鮮奶油，均勻篩上糖粉即可。

雙味紅豆大理石磅蛋糕

原味與抹茶麵糊交錯，
包覆著滿滿的蜜紅豆，愈吃愈幸福。

材料

- 原味磅蛋糕麵糊 1 份→ P.067
- 抹茶磅蛋糕麵糊
  - Ⓐ 抹茶粉 2 克
    蘇打粉 1 克
    溫水 10 克
  - Ⓑ 原味磅蛋糕麵糊 170 克→ P.067
- 蜜紅豆粒
  - Ⓐ 紅豆 125 克
    水適量
    （蓋過紅豆約 3cm）
  - Ⓑ 紅冰糖 85 克

＊ 底線：與基礎款麵糊之區別。

- 份 量：2 個磅蛋糕模
（長17.5 × 寬8.5 × 高7cm）
- 烤 溫：上火180℃ / 下火180℃
（ 單火180℃ ）
- 賞味期：室溫3 天/ 冷藏7 天

作法

• 抹茶磅蛋糕麵糊

材料A拌勻，加材料B，繼續拌勻。

• 蜜紅豆粒

紅豆洗淨後倒水，泡２小時再放入電鍋，外鍋倒２量米杯水蒸至開關跳起，燜15分鐘。

重複倒外鍋水蒸熟軟，趁熱加入材料B，輕輕拌勻。

• 組合烘烤

原味磅蛋糕麵糊、抹茶麵糊及蜜紅豆粒輕拌數下，混合成大理石紋路。

倒入模具後抹平，烘烤20分鐘，待表面結皮後劃１刀。

再烤20～25分鐘至熟，趁熱撕開烘焙紙，放涼。

小叮嚀

*紅豆蒸好可以輕輕壓確定熟軟，並趁熱加紅冰糖；若紅豆尚未軟就加糖，則紅豆口感較硬。

*奶油麵糊與抹茶麵糊的比例為5:1，混合攪拌後倒入蛋糕模，每個蛋糕模大約500克麵糊。

布朗尼

起源於18世紀的美國，是美國家庭中常見的自製點心，作法簡單、糕體鬆軟濕潤，再加上濃郁滑順的巧克力口感，讓布朗尼成為1道老少皆喜歡的平民甜點，不論是咖啡館、餐廳或是蛋糕店，幾乎可看到它的蹤跡。

Point

蛋和細砂糖加熱40℃促進打發效果

蛋和細砂糖轉小火隔水加熱至40℃，可促進全蛋打發膨脹效果，讓麵糊更細緻。

Point

奶油小火融化50℃達到乳化效果

將無鹽奶油煮至50℃融化，再加入巧克力、牛奶及蘭姆酒充分攪拌，可達到乳化效果。

Point

動物性鮮奶油讓糕體光滑細緻

麵糊加入動物性鮮奶油，可讓糕體更光滑細緻，參見P.089焦鹽布朗尼佐冰淇淋。

American Style Classic Brownie

美式經典布朗尼

基礎款

布朗尼的口感介於餅乾和蛋糕之間，
外層酥脆、內層柔軟濕潤略有嚼勁。

材料

- 原味布朗尼麵糊

Ⓐ 全蛋 4 個
細砂糖 100 克

Ⓑ 無鹽奶油 150 克
苦甜巧克力（調溫）125 克
蘭姆酒 10 克
牛奶 13 克

Ⓒ 低筋麵粉 75 克
玉米粉 25 克

Ⓓ 核桃（切碎）63 克

- 份 量：1 個圓形模（直徑8 吋）
- 烤 溫：上火180℃ / 下火180℃
（單火180℃）
- 賞味期：室溫3 天/ 冷藏7 天

作法

- 原味布朗尼麵糊

材料Ａ用打蛋器拌勻，轉小火隔水加熱至40℃。

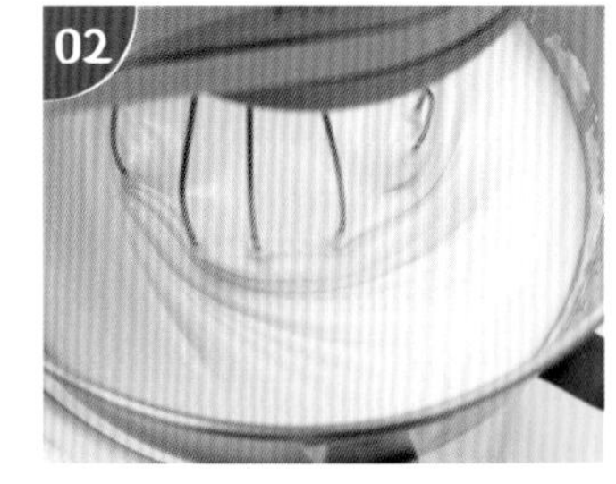

用電動攪拌機打發至乳白色濃稠狀態。

材料Ｂ無鹽奶油放入小湯鍋，轉小火煮至完全融化。

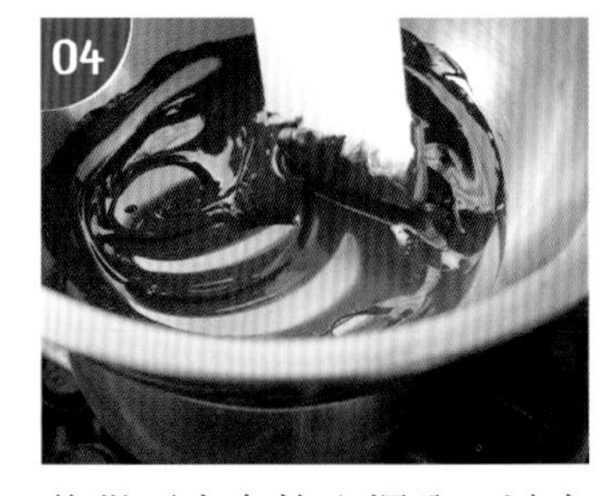

苦甜巧克力放入鋼盆，以小火隔水加熱融化。

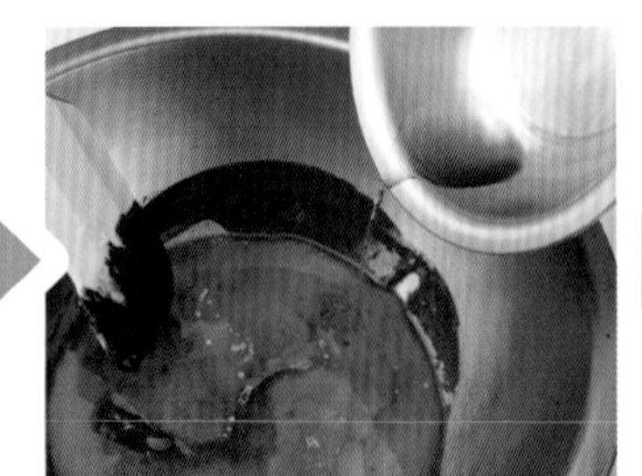

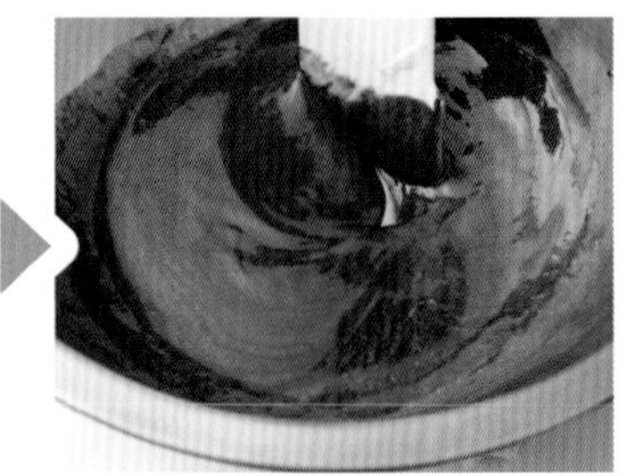

融化的奶油液、蘭姆酒及牛奶加入作法４，用矽膠刮刀拌勻成光滑巧克力醬。

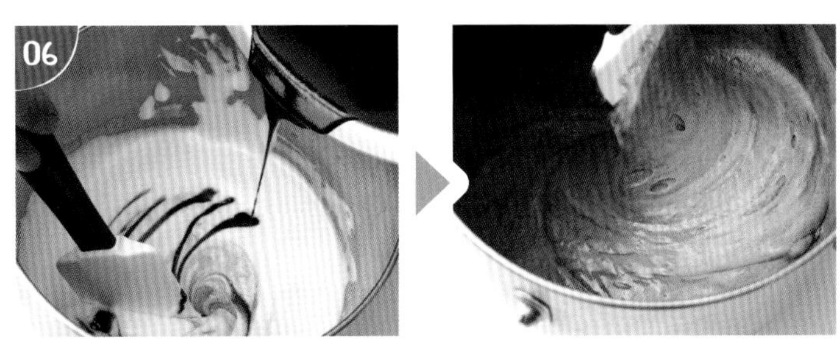

再加入作法 1，用刮刀拌勻呈濃稠狀態。

材料C過篩後加入作法6，用刮刀拌勻至無粉狀。

材料D加入作法7，繼續拌勻即是巧克力麵糊。

• 烘烤

巧克力麵糊倒入活動式模具，放入烤箱中層烤25～30分鐘至熟後取出。

趁熱用小刀順著模具邊緣輕輕劃 1 圈，底盤往上推即脫模，放涼。

小叮嚀

* 放涼的布朗尼，可撒上 1 層糖粉或防潮糖粉。
* 如果使用底盤非活動的模具，則必須鋪烘焙紙於模中再倒入麵糊。
* 調溫苦甜巧克力使用鈕釦型，更方便融化。

Matcha White Chocolate Brownie

抹茶白巧克力布朗尼

變化1

在麵糊中加榛果，表面淋上抹茶白巧克力淋面，
讓布朗尼瞬間不再只有單一吃法。

材料

- 抹茶布朗尼麵糊
  - Ⓐ 全蛋 4 個
    細砂糖 100 克
  - Ⓑ 無鹽奶油 150 克
    白巧克力（調溫）125 克
    蘭姆酒 10 克
    牛奶 13 克
    抹茶粉 3 克
  - Ⓒ 低筋麵粉 75 克
    玉米粉 25 克
  - Ⓓ 榛果（切碎）63 克

- 抹茶白巧克力淋面
  - Ⓐ 動物性鮮奶油 150 克
    抹茶粉 2 克
  - Ⓑ 白巧克力（調溫）150 克

- 裝飾
  - Ⓐ 糖粉 20 克

＊ 底線：與基礎款麵糊之區別。

- 份 量：1 個圓形模（直徑8 吋）
- 烤 溫：上火180℃ / 下火180℃
  （ 單火180℃ ）
- 賞味期：冷藏4 天

作法

- 抹茶布朗尼麵糊

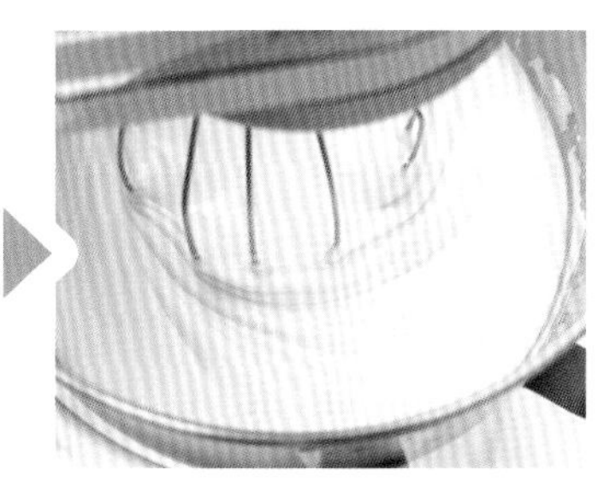

材料A拌勻，轉小火隔水加熱至40℃，打發至乳白色濃稠狀態。

材料B無鹽奶油以小火煮至融化。

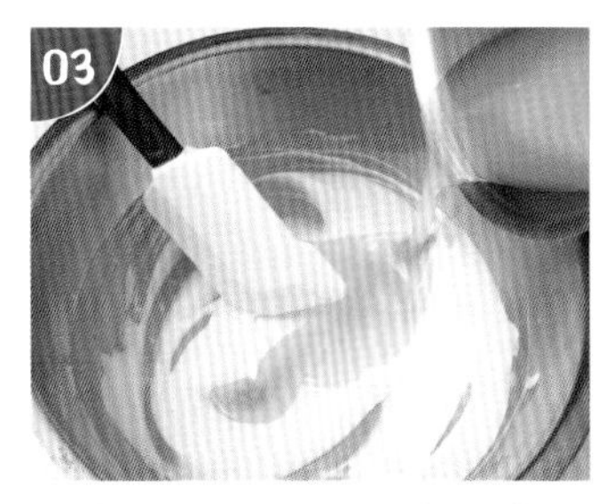

將白巧克力小火隔水加熱融化，與作法2拌勻。

將牛奶以小火加熱至40℃，與抹茶粉拌勻。

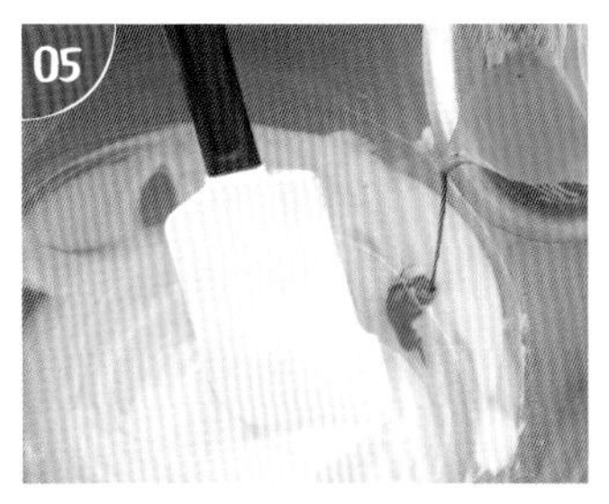

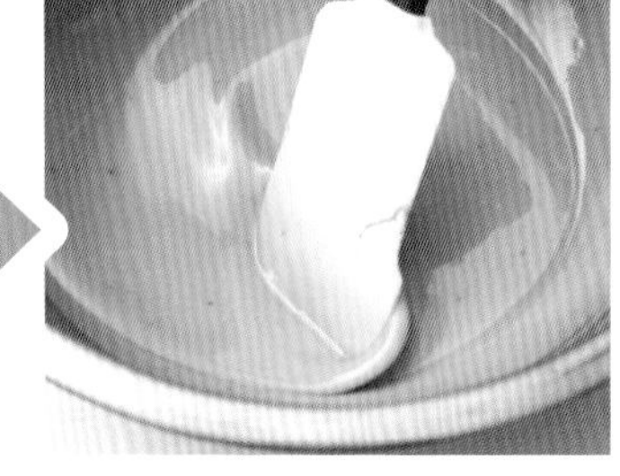

融化的奶油液、蘭姆酒及抹茶牛奶加入作法3，拌勻成抹茶巧克力醬。

再加入作法1，用刮刀拌勻呈濃稠狀態。

材料C過篩後加入作法6，繼續拌勻至無粉狀。

材料D加入作法7，繼續用刮刀拌勻。

• 烘烤

麵糊倒入模具，放入烤箱中層烤25～30分鐘至熟，趁熱脫模，放涼。

• 抹茶白巧克力淋面

鮮奶油以小火煮至70℃，與抹茶粉拌勻。

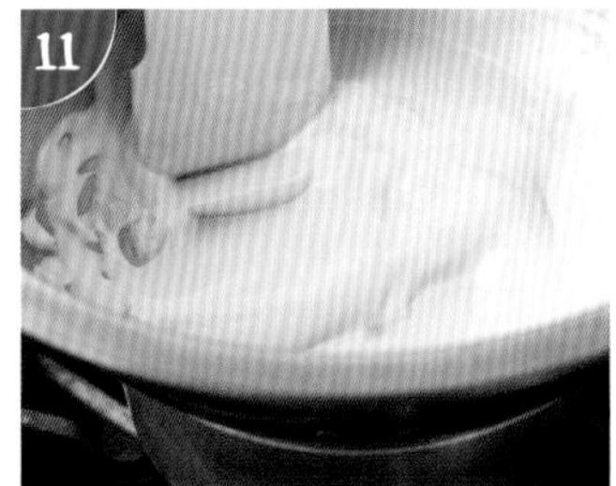

材料B轉小火隔水加熱融化，與作法10拌勻。

• 裝飾

抹茶白巧克力淋面淋在抹茶布朗尼表面，用抹刀抹平，再篩上糖粉即可。

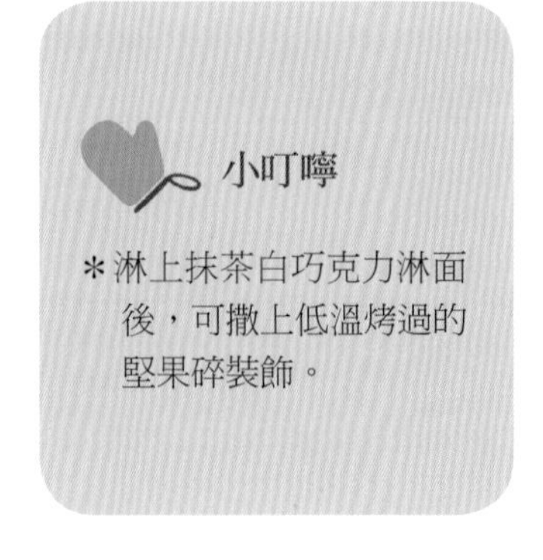

香橙起司布朗尼

變化2

檸檬起司慕斯倒入香橙布朗尼表面，
非常適合炎夏嘗嘗，冰涼感湧現。

材料

- 香橙布朗尼麵糊
  - Ⓐ 全蛋 4 個
    細砂糖 100 克
  - Ⓑ 無鹽奶油 150 克
    苦甜巧克力（調溫）125 克
    蘭姆酒 10 克
    牛奶 13 克
  - Ⓒ 低筋麵粉 75 克
    玉米粉 25 克
  - Ⓓ <u>柳橙皮屑＋汁 1/2 個</u>

- 檸檬起司慕斯
  - Ⓐ 牛奶 42 克
    細砂糖 25 克
  - Ⓑ 吉利丁片 1 片
  - Ⓒ 奶油起司 85 克
    檸檬皮屑＋汁 1/2 個
  - Ⓓ 動物性鮮奶油 150 克

- 裝飾
  - Ⓐ 柳橙（切片）1 個
  - Ⓑ 鏡面果膠 80 克
    水 20 克

＊ 底線：與基礎款麵糊之區別。

- 份 量：1 個圓形慕斯圈（直徑8 吋）
- 烤 溫：上火180℃ / 下火180℃（單火180℃）
- 賞味期：冷藏4 天

作法

- 香橙布朗尼麵糊

將材料A～C攪拌均勻，見P.079基礎款「美式經典布朗尼」作法1 ～7。

材料D加入作法 1 ，用矽膠刮刀繼續拌勻。

- 烘烤

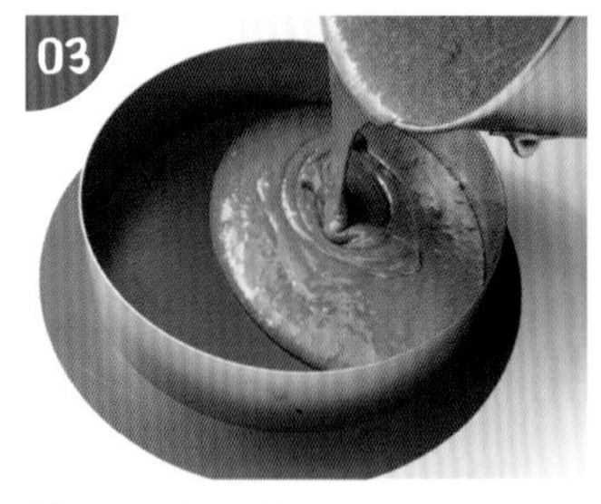

慕斯圈底下墊 1 個圓盤，麵糊倒入模具。

放入烤箱中層烤25 ～ 30分鐘至熟，放涼備用。

- 檸檬起司慕斯

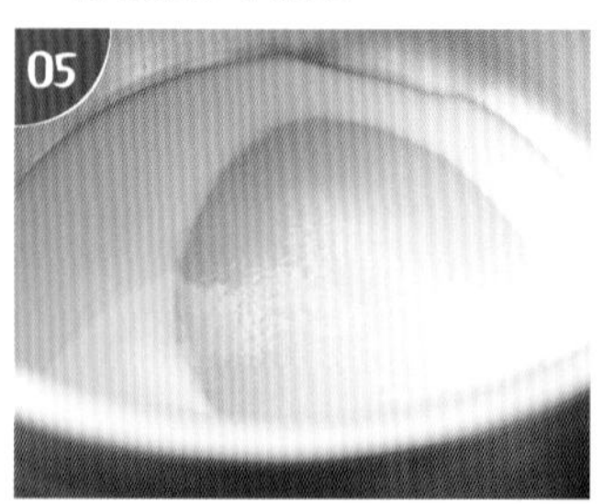

材料 A 轉小火煮至70℃。

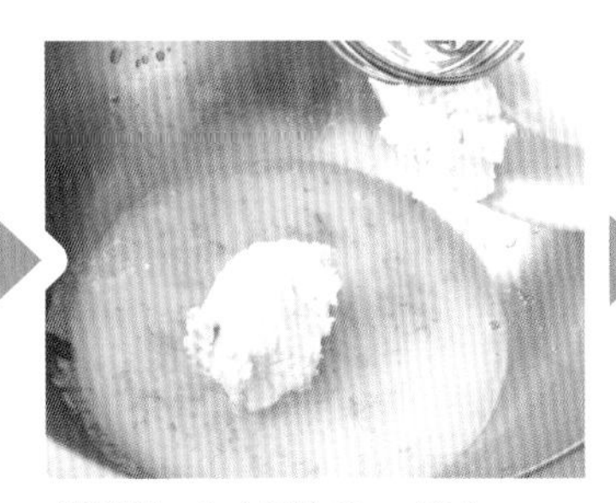

再加入擠乾的吉利丁片，拌勻，接著加入材料C，拌勻。

• 組合裝飾

材料D打發呈明顯紋路（7分發），加入作法6拌勻。

檸檬起司慕斯倒入香橙布朗尼後抹平，材料B以小火加熱至40℃。

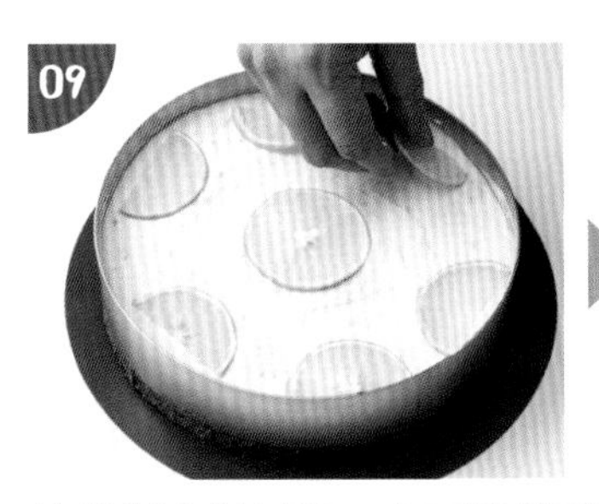

趁慕斯未凝固前，表面放柳橙片，淋上適量果膠液。

再放入冰箱冷凍1小時凝固，從冰箱取出，用噴槍加熱慕斯圈即可順利脫模。

小叮嚀

* 噴槍脫模法可用熱毛巾包覆，藉由溫熱後可順利脫模。
* 檸檬所削下的皮屑，勿削到白色纖維部分，會有苦味；柳橙片可換成檸檬片。
* 香橙布朗尼需要完全放涼，上方才能填上檸檬起司慕斯，如此慕斯便不會融化。

Caramel Sea Salt Brownie With Ice Cream

焦鹽布朗尼佐冰淇淋

變化3

海鹽的鹹味讓焦糖的香氣和甜味更突出，
搭配喜歡的冰淇淋，讓整道甜點風味層次更多。

材料

- 焦鹽布朗尼麵糊
  - Ⓐ 全蛋 4 個
    細砂糖 100 克
  - Ⓑ 無鹽奶油 150 克
    苦甜巧克力（調溫）125 克
    蘭姆酒 10 克
    牛奶 13 克
  - Ⓒ 低筋麵粉 75 克
    玉米粉 25 克
  - Ⓓ 水麥芽 13 克
    細砂糖 43 克
    海鹽 5 克
  - Ⓔ 動物性鮮奶油 45 克
    柑橘酒 5 克
- 裝飾
  - Ⓐ 冰淇淋 6 球
  - Ⓑ 夏威夷豆（切碎）40 克
  - Ⓒ 薄荷葉 6 小株

＊ 底線：與基礎款麵糊之區別。

- 份 量：1 個圓形模（直徑8 吋）
- 烤 溫：上火180℃ / 下火180℃（單火180℃）
- 賞味期：冷藏1 天

作法

- 焦鹽布朗尼麵糊

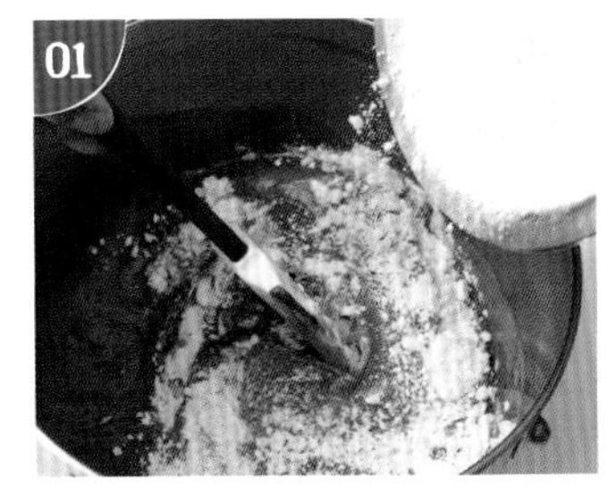

01 材料A～C拌勻，見P.079基礎款「美式經典布朗尼」作法1～7。

02 材料D放入湯鍋，小火煮成褐色焦糖，降溫至70℃。

03 鮮奶油小火煮70℃，與作法2拌勻，加柑橘酒拌勻。

04 接著加入作法1，用矽膠刮刀拌勻。

- 烘烤

05 麵糊倒入模具，烘烤25～30分鐘至熟，脫模後放涼。

- 組合裝飾

06 取280克焦鹽布朗尼切小塊，平均放入6個玻璃杯。

07 舀入1球冰淇淋，撒上烤過的夏威夷豆，裝飾薄荷。

小叮嚀

＊夏威夷豆碎放入烤盤，以180℃烤約5分鐘至酥香，取出後放涼。

＊水麥芽又稱水飴，成分為精緻澱粉（或樹薯粉）、小麥芽熬煮而成，加入麵糊具保濕效果，並改善蛋糕組織。

Marshmallow Cinnamon Apple Brownie

棉花糖肉桂蘋果布朗尼

棉花糖鋪在肉桂蘋果布朗尼，
在涼意的秋冬一口接一口吃，濃郁又溫暖。

材料

- 肉桂蘋果布朗尼麵糊
  - Ⓐ 全蛋 4 個
    細砂糖 100 克
  - Ⓑ 無鹽奶油 150 克
    苦甜巧克力（調溫）125 克
    蘭姆酒 10 克
    牛奶 13 克
  - Ⓒ 低筋麵粉 75 克
    玉米粉 25 克
  - Ⓓ 無鹽奶油 20 克
  - Ⓔ 蘋果丁 1 個（220 克）
    細砂糖 20 克
    肉桂粉 5 克
    蘭姆酒 5 克
- 裝飾
  - Ⓐ 棉花糖 20 ～ 25 個
  - Ⓑ 巧克力醬 50 克

＊ 底線：與基礎款麵糊之區別。

- 份 量：1 個圓形模（直徑8 吋）
- 烤 溫：上火180℃ / 下火180℃（單火180℃）
- 賞味期：室溫3 天/ 冷藏7 天

作法

- 肉桂蘋果布朗尼麵糊

01 材料A～C拌勻，見P.079基礎款「美式經典布朗尼」作法1 ～7。

02 奶油小火煮融化，加蘋果丁炒上色，加細砂糖炒焦化。

03 接著加入肉桂粉炒勻，倒入蘭姆酒待收乾，關火。

04 再加入作法 1 ，用矽膠刮刀拌勻。

- 烘烤

05 麵糊倒入模具，烘烤25 ～ 30 分鐘至熟，脫模後放涼。

- 組合裝飾

06 布朗尼表面鋪上棉花糖，烤5 分鐘至棉花糖呈金黃。

07 表面用巧克力醬畫線裝飾即可食用。

小叮嚀

＊巧克力醬可至烘焙材料行購買，或取適量苦甜巧克力隔水加熱融化。

馬芬

原意是指快速製作的小蛋糕，類似英文中的quick bread（快速麵包）。馬芬蛋糕的蛋不需要打發，而是使用泡打粉膨脹糕體，是容易又快速完成的蛋糕，因此得名。藍莓是美國人自古以來喜歡吃的水果，所以經常拿來做蛋糕，藍莓馬芬即為馬芬的經典代表。

奶油拌軟後加蛋 達到乳化效果

無鹽奶油和糖先攪拌至軟化，能促進蛋加入時更容易充分拌勻，達到麵糊乳化的效果。

紙模鋪入硬質模具 麵糊更順利裝盛

杯子蛋糕紙模較軟薄，所以需要先鋪入硬質的 6 連圓形杯模或是鋁杯，如此馬芬麵糊填入時，才不會影響撐起效果。

馬芬完全放涼 裝飾奶油霜或淋面

烤好的蛋糕一定要完全放涼，才能在表面裝飾奶油霜或巧克力淋面，以免蛋糕餘溫快速融化這些裝飾材料。

Blueberry Muffin

經典藍莓馬芬

基礎款

出爐那一刻整個空間充滿藍莓奶油香，
果然是經典不敗滋味，療癒效果 100 分。

材料

- 藍莓馬芬麵糊
  - Ⓐ 無鹽奶油 165 克
    紅糖 85 克
    細砂糖 85 克
  - Ⓑ 全蛋 3 個
  - Ⓒ 低筋麵粉 170 克
    泡打粉 3 克
  - Ⓓ 藍莓粒罐頭 1/4 罐（120 克）

• 份 量：2 盤（6 連圓形杯模）
• 烤 溫：上火180℃ / 下火180℃
（ 單火180℃ ）
• 賞味期：室溫3 天/ 冷藏7 天

作法

• 藍莓馬芬麵糊

材料A紅糖、細砂糖及回軟的奶油放入攪拌缸，攪拌均勻。

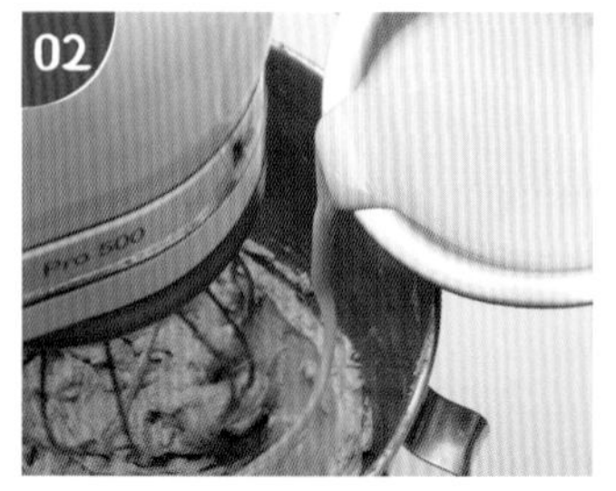

將全蛋分２次加入作法１，邊加邊拌勻。

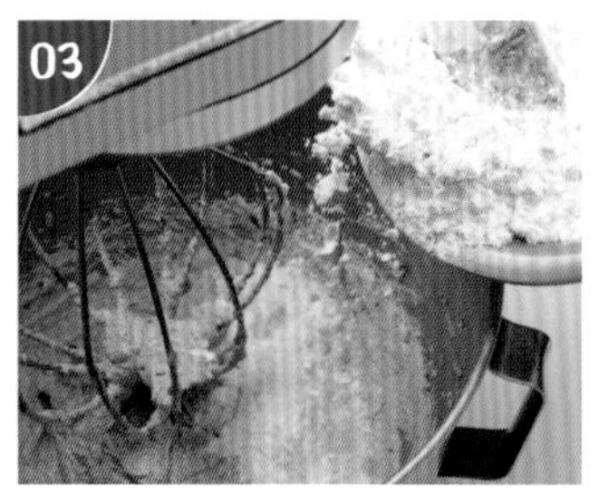

材料C過篩後加入作法２，繼續拌勻至無粉狀。

材料D藍莓粒瀝乾，再加入作法３，繼續拌勻。

• 烘烤

紙模放入圓形杯模，填入麵糊至７分滿。

放入烤箱中層烤20 ～ 25分鐘至熟，取出後放涼。

小叮嚀

* 使用的６連圓形杯模，它的模具為長26.5×寬18×高3cm。
* 麵糊填入紙模可藉擠花袋協助，並勿填太滿，必須留些空間讓麵糊膨脹。

Dragon Fruit Banana Yogurt Muffin

紅龍果香蕉優格馬芬

變化1

麵糊中的奶油換成香蕉，並擠上紅龍果奶油餡，
呈現多彩營養滿滿的浪漫甜點。

材料

- 紅龍果香蕉馬芬麵糊
  - Ⓐ 香蕉丁 200 克
    細砂糖 200 克
  - Ⓑ 全蛋 3 個
  - Ⓒ 低筋麵粉 170 克
    泡打粉 3 克
  - Ⓓ 蔓越莓乾 60 克
    紅龍果果肉丁（打汁）50 克
    優格 30 克
- 炙燒糖香蕉 16 片→ P.030
- 紅龍果奶油餡
  - Ⓐ 蛋黃 2 個
  - Ⓑ 水 25 克
    細砂糖 75 克
  - Ⓒ 無鹽奶油 155 克
  - Ⓓ 紅龍果果肉丁（打汁）40 克
    櫻桃白蘭地 10 克
- 裝飾
  - Ⓐ 紅龍果果肉丁 40 克
  - Ⓑ 巧克力渲彩片 16 小片→ P.032

* 份量：16 個方形紙模（長5× 寬5× 高5cm）
* 烤溫：上火180℃ / 下火180℃（單火180℃）
* 賞味期：冷藏4 天

＊ 底線：與基礎款麵糊之區別。

作法

- 紅龍果香蕉馬芬麵糊

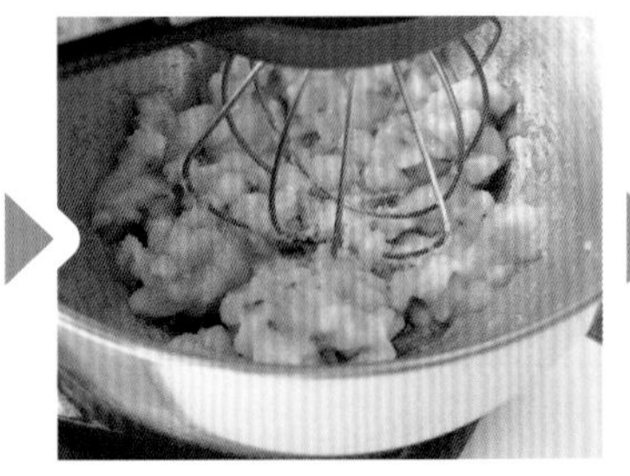
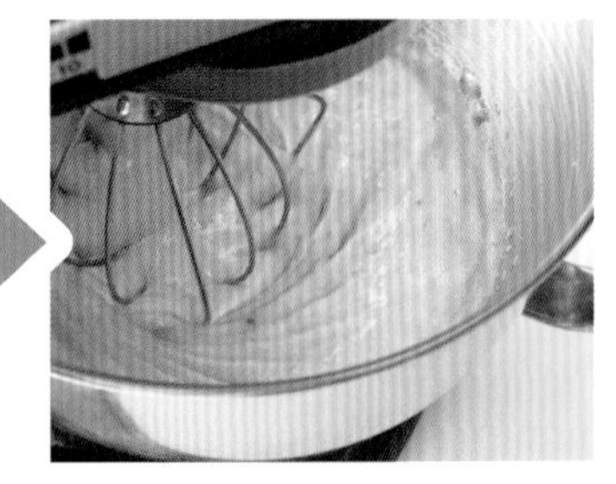

材料A放入攪拌缸，用電動攪拌機打勻至濃稠狀態。

全蛋分2次加入作法1，邊加邊拌勻。

材料C過篩後加入作法2，拌勻至無粉狀。

材料D加入作法3，繼續拌勻。

• 烘烤

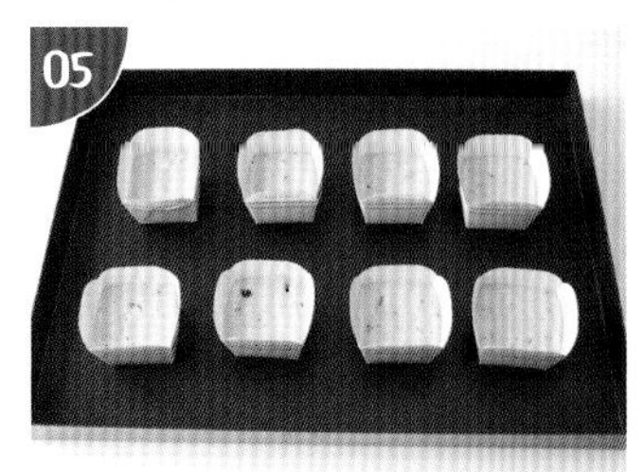

紙模排於烤盤，填入麵糊至7分滿。

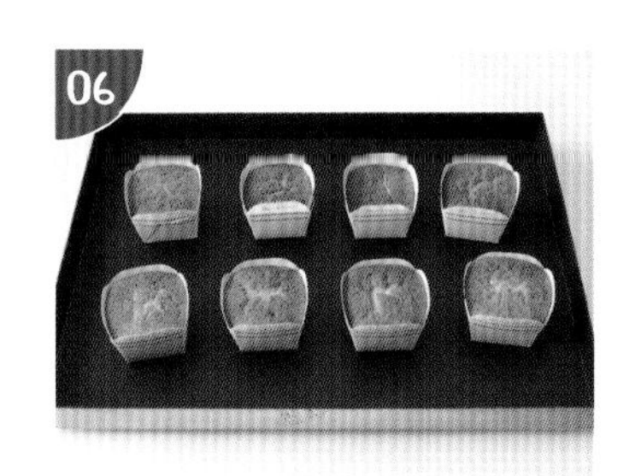

放入烤箱中層烤20～25分鐘至熟，取出後放涼。

• 紅龍果奶油餡

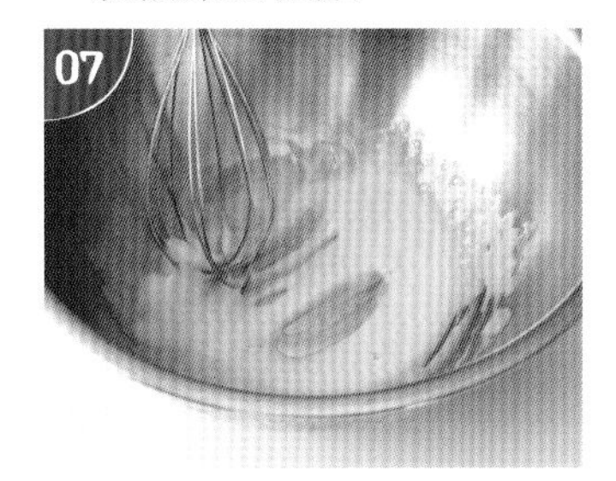

材料A用打蛋器稍打起泡。

材料B轉小火煮至117℃，倒入作法7，打發至乳白色後倒入攪拌缸。

回軟的奶油、材料D加入作法8，拌勻。

再裝入套8齒菊花花嘴的擠花袋。

• 組合裝飾

在香蕉馬芬表面擠上紅龍果奶油餡。

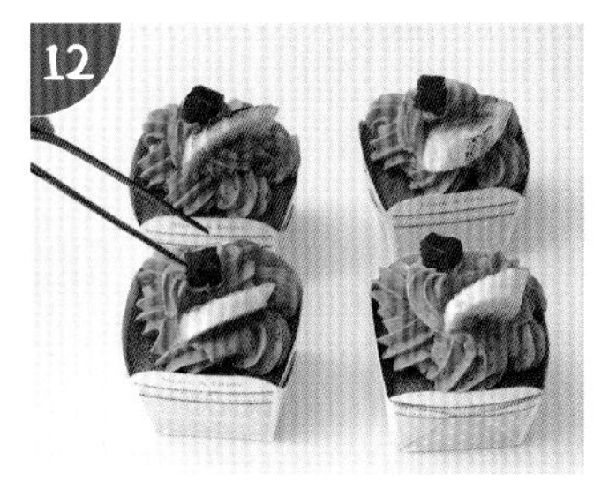

放上炙燒糖香蕉，裝飾紅龍果丁、巧克力渲彩片。

小叮嚀

* 馬芬麵糊的材料A先用電動攪拌機攪拌香蕉，以利蛋加入時才容易拌勻。
* 煮紅龍果奶油餡的材料A時，溫度請勿超過117℃，糖才不會結晶。

Cranberry Crumble Muffin

蔓越莓酥菠蘿馬芬

馬芬表層撒滿酥菠蘿，咬下去脆脆甜甜的，
每一口都吃得到蔓越莓與酥菠蘿。

材料

- 蔓越莓馬芬麵糊
  - Ⓐ 無鹽奶油 165 克
    紅糖 85 克
    細砂糖 85 克
  - Ⓑ 全蛋 3 個
  - Ⓒ 低筋麵粉 170 克
    泡打粉 3 克
  - Ⓓ <u>蔓越莓乾 60 克</u>
- 酥菠蘿 1 份→ P.029
- 裝飾
  - Ⓐ 糖粉 20 克

＊ 底線：與基礎款麵糊之區別。

- 份 量：2 盤（6 連圓形杯模）
- 烤 溫：上火180℃ / 下火180℃（單火180℃）
- 賞味期：室溫3 天/ 冷藏7 天

作法

- 蔓越莓馬芬麵糊

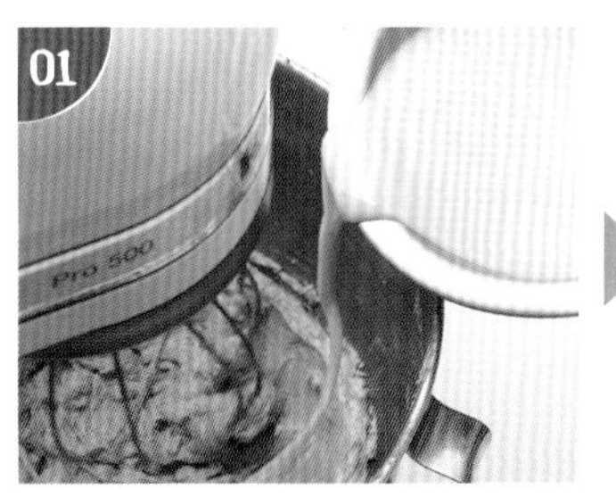

材料A～C拌勻，見P.093基礎款「經典藍莓馬芬」作法1～3。

材料D加入作法 1，用矽膠刮刀繼續拌勻。

- 烘烤

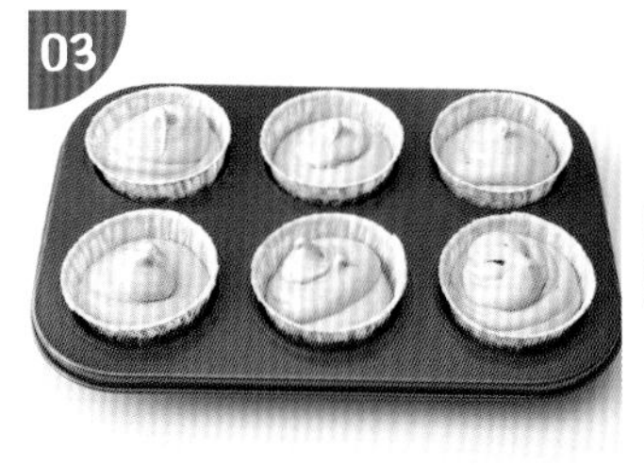

紙模放入圓形杯模，填入麵糊至 7 分滿，撒上酥菠蘿。

放入烤箱中層，烘烤20～25 分鐘至熟，取出後放涼。

- 裝飾

馬芬表面篩上糖粉即可。

小叮嚀

＊馬芬必須完全涼，再篩上糖粉。

Toffee Caramel Cream Cheese Muffin

太妃焦糖起司馬芬

麵糊中帶著焦糖香，表面裝飾金箔及彩色糖珠，
讓馬芬變得更精彩醒目。

材料

- 太妃焦糖馬芬麵糊
  - Ⓐ 無鹽奶油 165 克
    紅糖 85 克
    細砂糖 85 克
  - Ⓑ 全蛋 3 個
  - Ⓒ 低筋麵粉 170 克
    泡打粉 3 克
  - Ⓓ 細砂糖 25 克
    動物性鮮奶油 35 克
- 起司香堤鮮奶油 1 份→ P.028
- 裝飾
  - Ⓐ 食用彩色糖珠 30 克

* 份量：2 盤（6 連圓形杯模）
* 烤溫：上火180℃ / 下火180℃
  （單火180℃）
* 賞味期：冷藏4 天

＊ 底線：與基礎款麵糊之區別。

作法

- 太妃焦糖馬芬麵糊

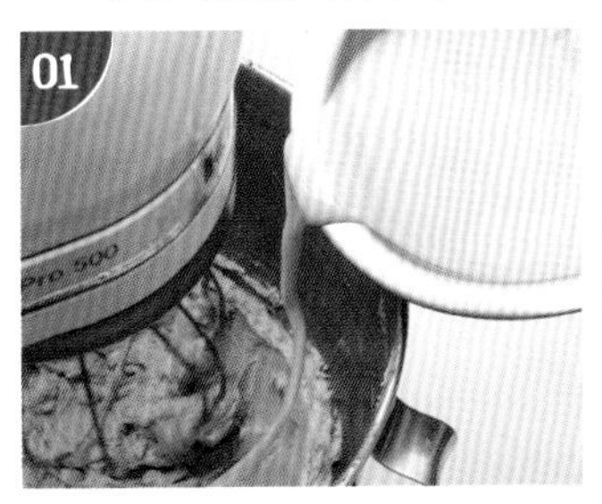

材料A～C拌勻，可以參見P.093基礎款「經典藍莓馬芬」作法1 ～3。

將材料D細砂糖以小火煮至琥珀色（中途可輕輕晃動勿攪拌）。

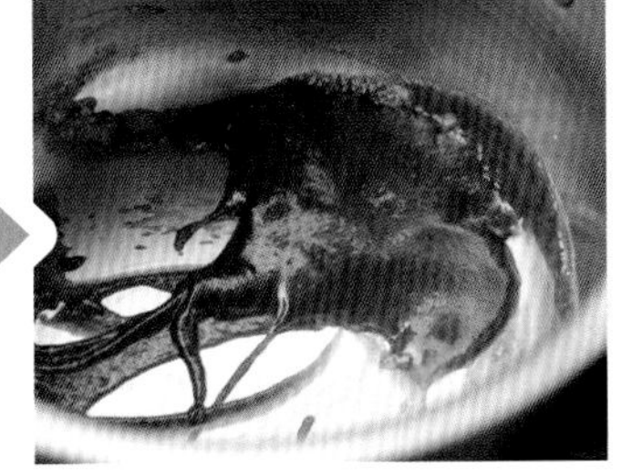

鮮奶油以小火煮至70℃，再倒入作法2，拌勻成焦糖醬。

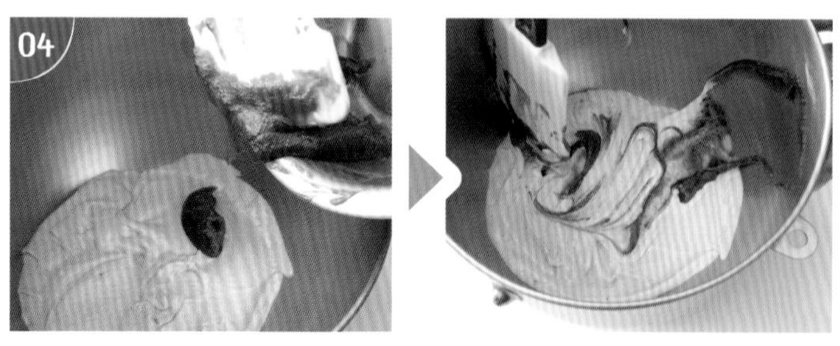

再加入作法 1 ，用矽膠刮刀拌勻。

• 烘烤

紙模放入圓形杯模，填入麵糊至 7 分滿。

放入烤箱中層，烘烤20 ～25 分鐘至熟，取出後放涼。

• 組合裝飾

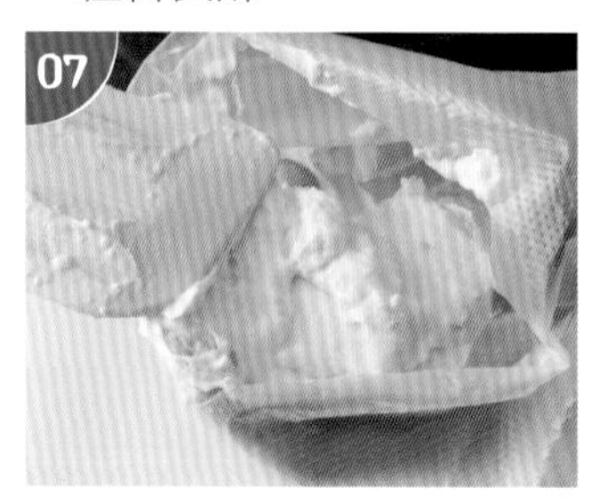

起司香堤鮮奶油裝入套平口花嘴的擠花袋。

在馬芬表面擠上 3 圈起司香堤鮮奶油。

裝飾彩色糖珠即可。

小叮嚀

* 材料 D 焦糖勿煮焦，鮮奶油必須加熱至 70℃後再與焦糖混合，否則因彼此的溫差大，容易產生爆噴而燙傷。

Coffee Panna cotta Muffin

咖啡鮮奶凍馬芬

糕體布滿酒香與葡萄乾，
表面鋪上濃濃咖啡鮮奶凍與巧克力豆，
讓心情變得更優雅。

材料

- 酒香葡萄乾馬芬麵糊
  - Ⓐ 無鹽奶油 165 克
    紅糖 85 克
    細砂糖 85 克
  - Ⓑ 全蛋 3 個
  - Ⓒ 低筋麵粉 170 克
    泡打粉 3 克
  - Ⓓ 葡萄乾 60 克
    蘭姆酒 20 克
- 咖啡鮮奶凍
  - Ⓐ 牛奶 225 克
    咖啡豆（中深焙）22 克
  - Ⓑ 細砂糖 50 克
  - Ⓒ 吉利丁片 1 片
  - Ⓓ 動物性鮮奶油 150 克
- 裝飾
  - Ⓐ 巧克力渲彩片 12 圓片→ P.032
  - Ⓑ 咖啡豆 12 顆
    葡萄乾 12 顆
    銀箔 12 片

＊ 底線：與基礎款麵糊之區別。

- 份 量：2 盤（6 連圓形杯模）
- 烤 溫：上火180℃ / 下火180℃
  （單火180℃）
- 賞味期：冷藏4 天

作法

- 酒香葡萄乾馬芬麵糊

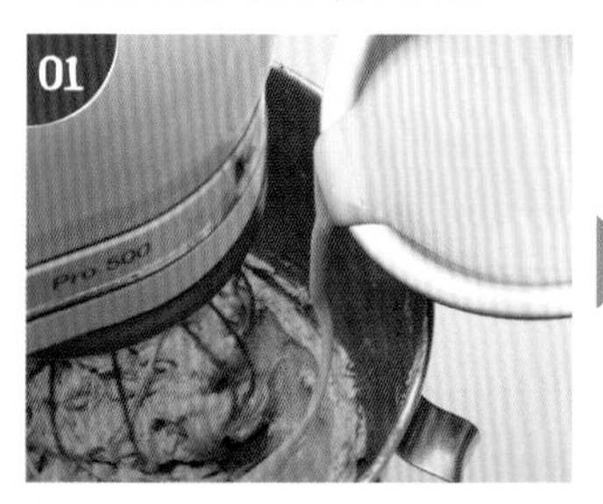

材料A～C拌匀，可以參見P.093基礎款「經典藍莓馬芬」作法1 ～ 3。

材料D混合後泡3小時，再加入作法1 ，拌匀。

- 烘烤

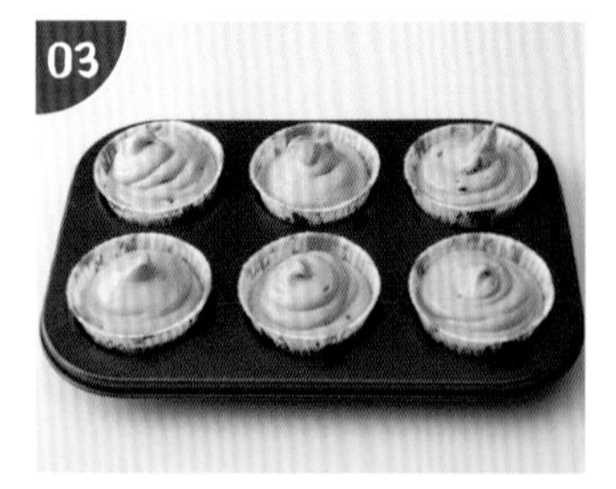

紙模放入圓形杯模，填入麵糊至7分滿。

放入烤箱中層烤20 ～ 25分鐘至熟，取出後放涼。

小叮嚀

＊葡萄乾和蘭姆酒若能浸泡一夜更好，可讓葡萄乾充分入味軟化。

＊製作咖啡鮮奶凍前，可先把咖啡豆浸泡牛奶一夜，能讓彼此充分入味。

＊咖啡豆除了製作飲品外，將咖啡豆烹煮後所散發出的香氣及風味，巧妙運用在甜點上，製作成咖啡奶凍，可以呈現淡淡咖啡優雅香氣。

• 咖啡鮮奶凍

材料A放入小湯鍋，轉小火煮5分鐘。

濾除咖啡豆，留下200克牛奶於鍋中。

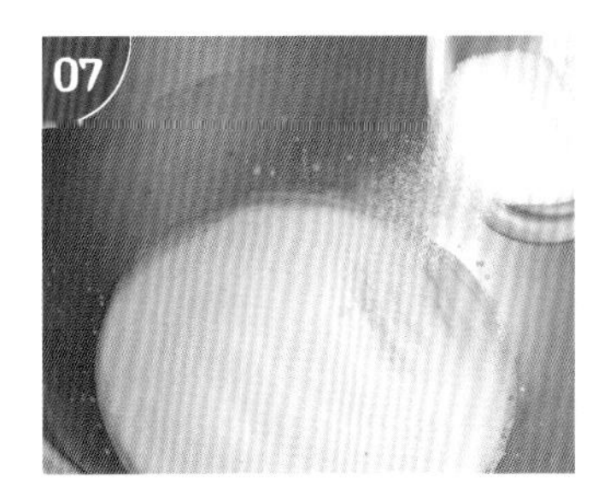

材料B加入作法6，以小火煮至糖融化。

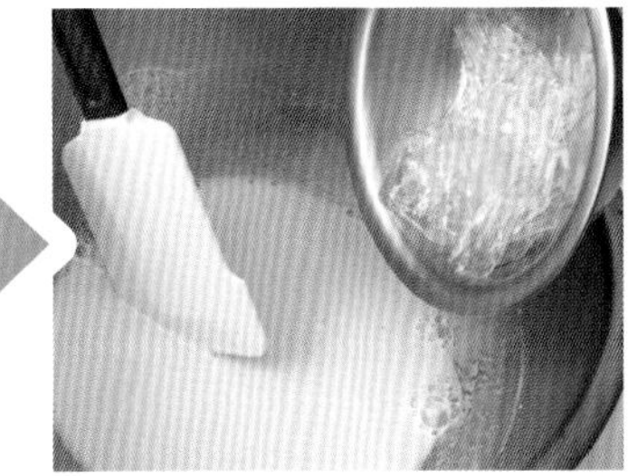

吉利丁片泡冰水變軟，擠乾水分後加入作法7，拌勻。

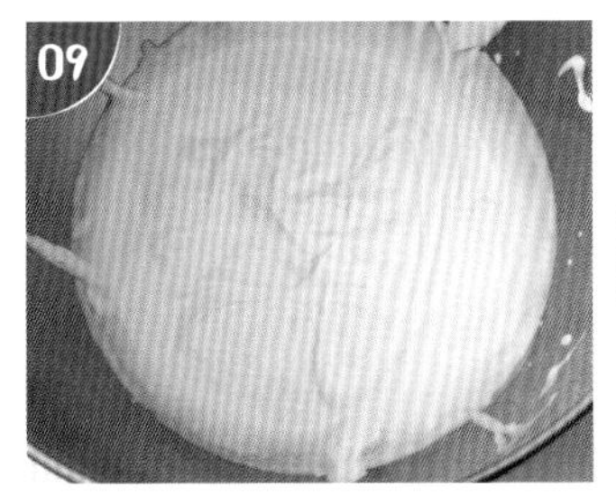

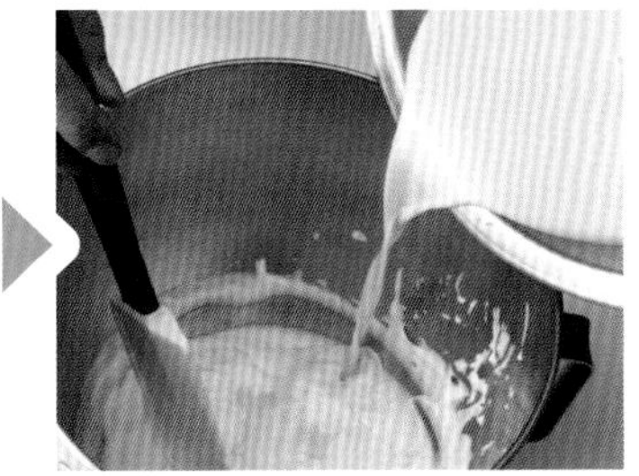

材料D打發呈明顯紋路（7分發），與作法8拌勻。

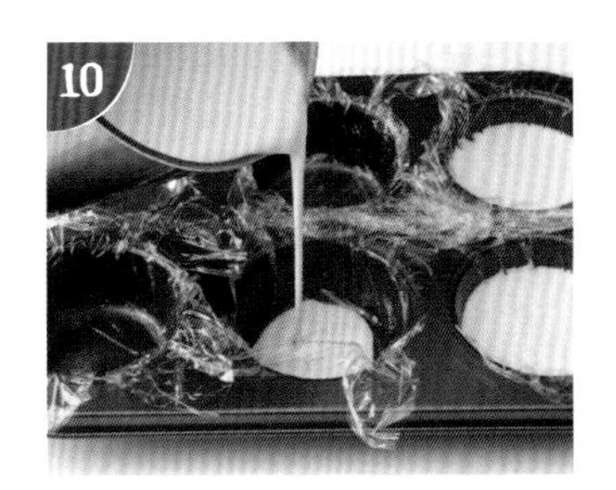

再倒入鋪保鮮膜的杯模至1/3高度，冷凍1小時凝固。

• 組合裝飾

馬芬表面修平，咖啡鮮奶凍脫模後放於馬芬上方。

鋪上巧克力渲彩圓片，依序裝飾材料B即可。

咕咕霍夫蛋糕

造型為「空心圓頂帽」，是法國阿爾薩斯地區及德國南部特產的甜點，特點在於用中空螺旋紋形的模子做成皇冠模樣的蛋糕，有如麵包發酵蓬鬆感，卻帶有蛋糕綿密的口感。咕咕霍夫本體樸實，麵糊中可依基底添加酒、果乾、堅果等，讓樸實的蛋糕有更多不同口味。

Point 1

奶油先拌至乳白蓬鬆 蛋更容易拌勻

無鹽奶油、糖粉、鹽充分攪拌至乳白色蓬鬆狀，有助於蛋加入時更容易拌勻，並達到麵糊乳化的效果。

Point

細砂糖分次加 讓蛋白打發更細緻

細砂糖分２次加入打粗泡的蛋白中，可讓蛋白霜細緻；若糖１次全部加，則易延長打發時間，並使組織過密不蓬鬆。

Point

麵糊倒入模具後抹平 外型更美觀

麵糊倒入模具，用矽膠刮刀或抹刀整理一下麵糊，抹平後再烘烤，能讓成品更完美，並趁熱脫模，避免熱氣燜著而影響糕體口感。

Kouglof

原味咕咕霍夫蛋糕

基礎款

外表樸實的蛋糕上撒了糖粉，
白白模樣有如聖誕節飄雪般，更想做來和家人一起吃。

材料

- 原味咕咕霍夫蛋糕麵糊
  - Ⓐ 無鹽奶油 150 克
    糖粉 30 克
    鹽 1 克
  - Ⓑ 蛋黃 3 個
    香草豆莢 1/4 支
  - Ⓒ 低筋麵粉 120 克
    玉米粉 12 克
    泡打粉 2 克
  - Ⓓ 蛋白 3 個
    細砂糖 120 克

- 份 量：1 個咕咕霍夫模（直徑14× 高8cm）
- 烤 溫：上火180℃ / 下火180℃（單火180℃）
- 賞味期：室溫3 天/ 冷藏7 天

作法

- 原味咕咕霍夫蛋糕麵糊

材料A奶油放室溫回軟。

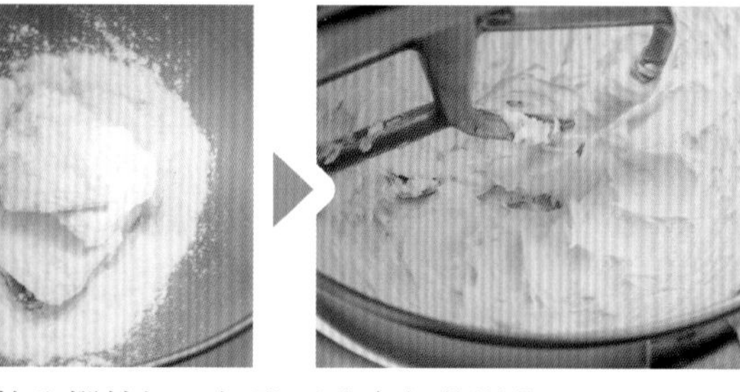

回軟的奶油放入攪拌缸，打發至乳白色蓬鬆狀。

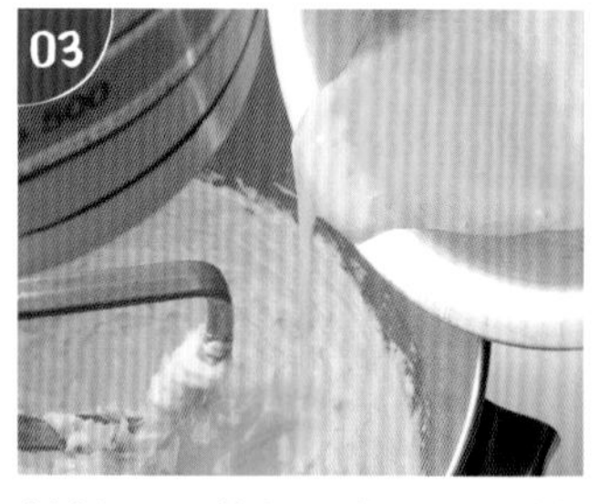

材料B蛋黃加入作法2，拌勻，再加香草籽，繼續拌勻。

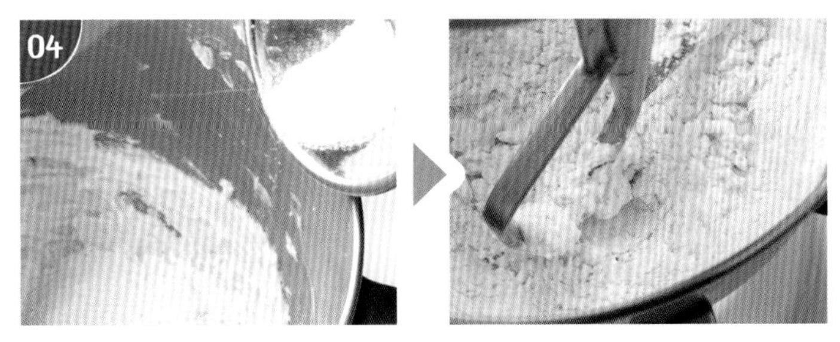

材料C過篩後加入作法3，拌勻至無粉狀。

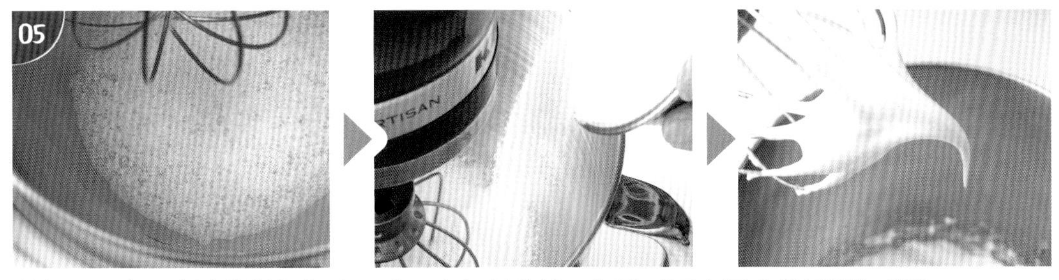

材料D蛋白用中速稍微打起泡，分2次加細砂糖，打發至蛋白霜尖端呈鷹勾嘴狀。

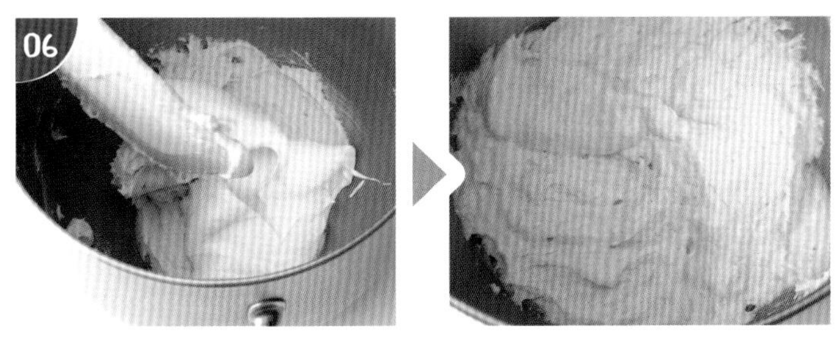

將蛋白霜分2次加入作法4，用矽膠刮刀輕輕從底部往上翻拌均勻。

• 烘烤

將麵糊倒入模具，用刮刀抹平麵糊。

放入烤箱中層烤35～40分鐘至熟，脫模後放涼。

小叮嚀

＊香草豆莢可用2克香草籽醬替代。

Maple Dried Chocolate Kouglof

楓糖巧克力咕咕霍夫蛋糕

酸甜楓糖蔓越莓糕體，淋上牛奶巧克力，
裝飾一整片 Oreo 餅乾，低調奢華的美味。

 材料

- 楓糖咕咕霍夫蛋糕麵糊
  - Ⓐ 原味咕咕霍夫麵糊 1 份→ P.107
  - Ⓑ 楓糖 15 克
    帶皮杏仁 30 克
    蔓越莓乾 30 克
- 巧克力香堤鮮奶油 1 份→ P.026
- 牛奶巧克力淋面
  - Ⓐ 動物性鮮奶油 100 克
  - Ⓑ 牛奶巧克力（調溫）100 克
- 裝飾
  - Ⓐ 帶皮杏仁 12 顆
  - Ⓑ 蔓越莓乾 12 顆
    Oreo 餅乾 12 片
    Oreo 餅乾碎 30 克

＊ 底線：與基礎款麵糊之區別。

・份量：2 盤
（6 連咕咕霍夫蛋糕模）
・烤溫：上火180℃ / 下火180℃
（單火180℃）
・賞味期：冷藏4 天

作法

• 楓糖咕咕霍夫蛋糕麵糊

材料B和材料A拌匀。

• 烘烤

麵糊裝入套平口花嘴的擠花袋，擠入模具至6分滿。

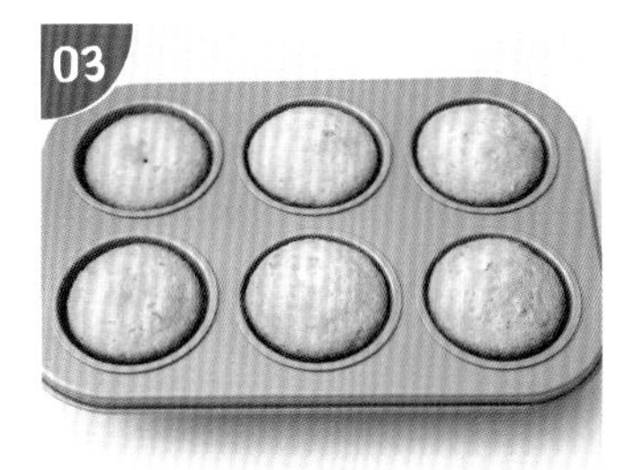

放入烤箱中層，烘烤25～30分鐘至熟，脫模後放涼。

• 牛奶巧克力淋面

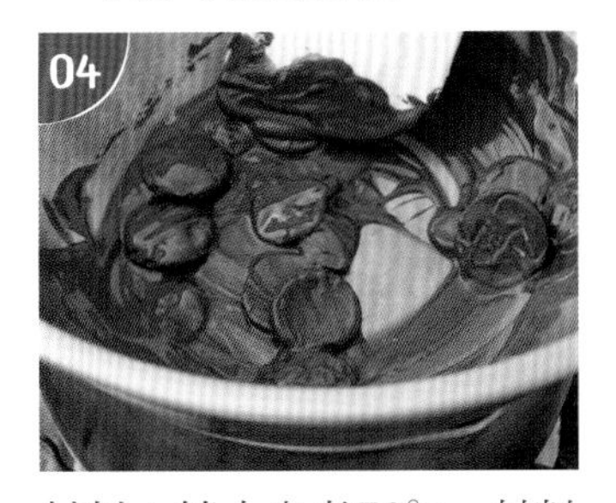

材料A轉小火煮70℃，材料B以小火隔水加熱融化。

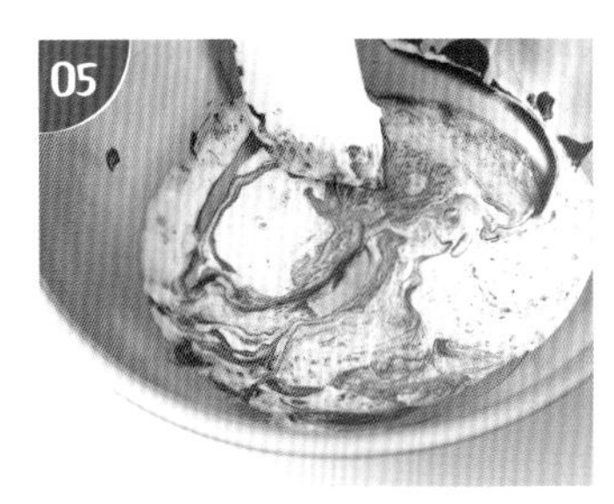

鮮奶油與牛奶巧克力混合拌匀，降溫至50℃。

• 組合裝飾

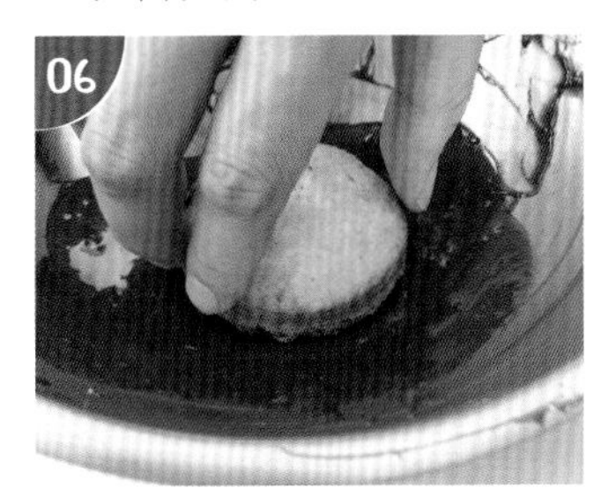

蛋糕裹上牛奶巧克力淋面，冷藏10分鐘凝固。

巧克力香堤鮮奶油裝入平口擠花袋，擠入蛋糕中間空心。

裝飾烤過的帶皮杏仁、材料B即可。

小叮嚀

* 帶皮杏仁放入烤盤，以180℃烘烤約5分鐘至酥香，放涼。
* 裹在蛋糕的巧克力淋面溫度控制在50℃為佳，溫度太高無法裹覆完全而容易流下來，溫度太低則太濃稠不容易裹覆。

Rum Pickled Pineapple Kouglof

蘭姆酒漬鳳梨咕咕霍夫蛋糕

鳳梨堅果的糕體愈嚼愈香，
白巧克力淋面裝飾開心果碎，是療癒心情的最佳甜點。

材料

- 鳳梨核果咕咕霍夫麵糊
  - Ⓐ 原味咕咕霍夫蛋糕麵糊 1 份 → P.107
  - Ⓑ 蘭姆酒 15 克
    碎核桃 30 克
    鳳梨果乾 30 克
- 白巧克力淋面
  - Ⓐ 動物性鮮奶油 100 克
  - Ⓑ 白巧克力（調溫）100 克
- 裝飾
  - Ⓐ 開心果碎 10 克
  - Ⓑ 酒漬鳳梨核果 12 片
    核桃碎 10 克

* 底線：與基礎款麵糊之區別。

- 份量：2 盤
  （6 連咕咕霍夫蛋糕模）
- 烤溫：上火180℃ / 下火180℃
  （單火180℃）
- 賞味期：室溫3 天/ 冷藏7 天

作法

• 鳳梨核果咕咕霍夫麵糊

材料B用蘭姆酒浸漬一夜。

再加入原味咕咕霍夫蛋糕麵糊，拌勻。

• 烘烤

麵糊裝入套平口花嘴的擠花袋，擠入模具至6分滿。

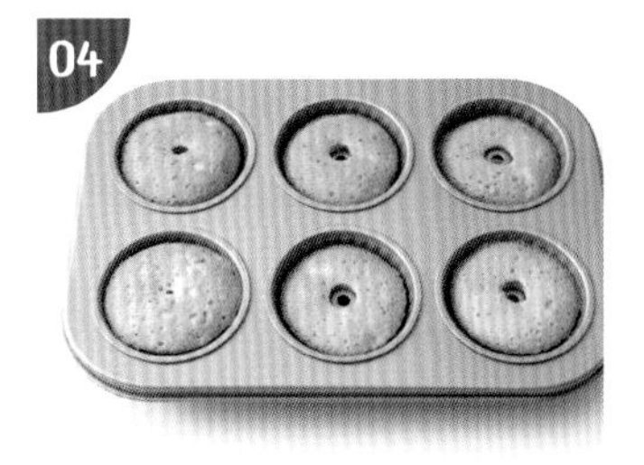

放入烤箱中層，烘烤25～30分鐘至熟，脫模後放涼。

• 白巧克力淋面

材料A轉小火煮至70℃，材料B小火隔水加熱融化，與鮮奶油拌勻，降溫至50℃。

• 組合裝飾

蛋糕裹上白巧克力淋面，冷藏10分鐘凝固。

撒上低溫烤過的開心果碎，裝飾材料B即可。

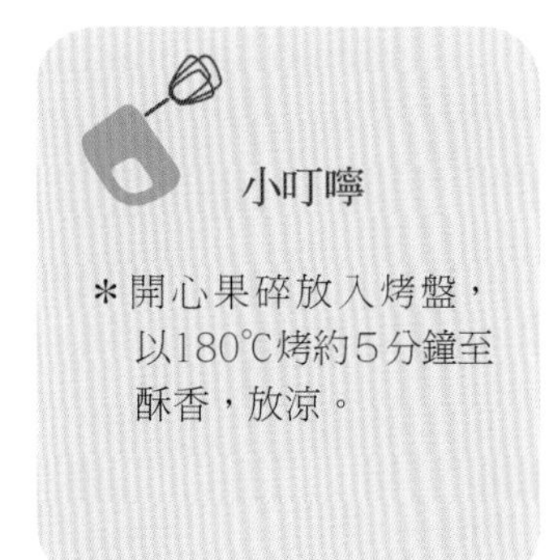

小叮嚀

* 開心果碎放入烤盤，以180℃烤約5分鐘至酥香，放涼。

Jasmine Tea Pear Kouglof

茉莉茶香洋梨咕咕霍夫蛋糕

茉莉茶香麵糊烘烤成中空蛋糕，
填入洋梨卡士達醬，滑順多層次絕妙好滋味。

材料

- 茉莉茶香咕咕霍夫蛋糕麵糊
  - Ⓐ 原味咕咕霍夫麵糊 1 份→ P.107
  - Ⓑ 牛奶 40 克
    茉莉花茶葉（切碎）3 克
- 裝飾
  - Ⓐ 洋梨（切小丁）30 克
  - Ⓑ 香草豆莢 1/2 支
    食用花適量
  - Ⓒ 糖粉 20 克
- 洋梨卡士達醬
  - Ⓐ 牛奶 250 克
    無鹽奶油 30 克
    細砂糖 30 克
    香草豆莢 1/2 支
  - Ⓑ 細砂糖 30 克
    玉米粉 30 克
  - Ⓒ 洋梨果泥 63 克
  - Ⓓ 蛋黃 3 個
  - Ⓔ 吉利丁片 1 片
  - Ⓕ 動物性鮮奶油 125 克

＊ 底線：與基礎款麵糊之區別。

- 份 量：1 個圓形中空模
  （直徑22× 高7.5cm）
- 烤 溫：上火180℃ / 下火180℃
  （ 單火180℃ ）
- 賞味期：冷藏4 天

作法

- 茉莉茶香咕咕霍夫蛋糕麵糊

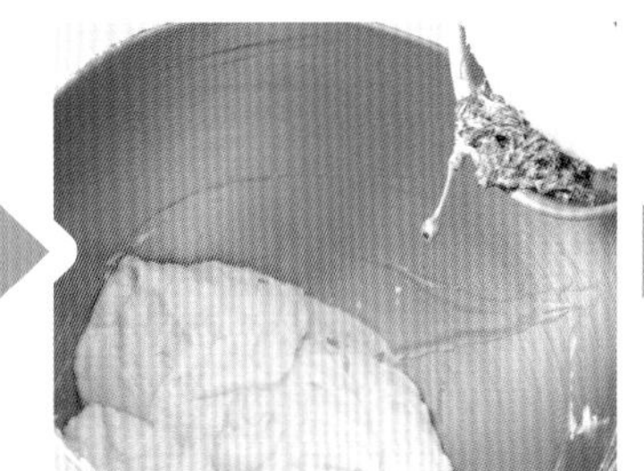

材料B牛奶轉小火煮沸，放入茉莉花茶葉後關火，蓋鍋蓋燜5分鐘，接著和材料A拌勻。

- 烘烤

麵糊倒入模具，用刮刀抹平麵糊。

放入烤箱中層，烘烤35～40分鐘至熟，脫模後放涼。

- 洋梨卡士達醬

材料A放入小湯鍋，以小火煮沸；材料E吉利丁片泡冰水變軟，備用。

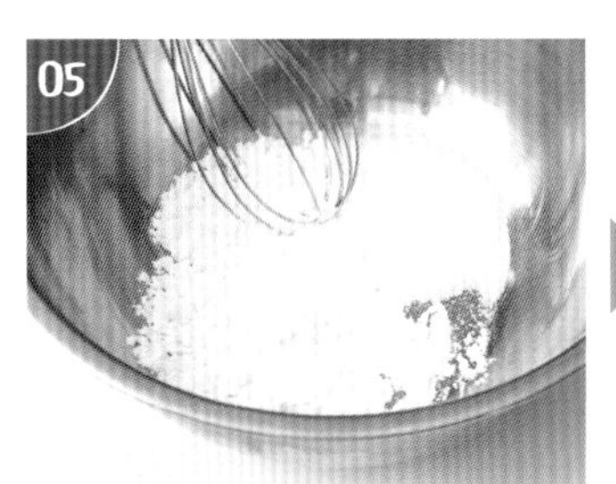

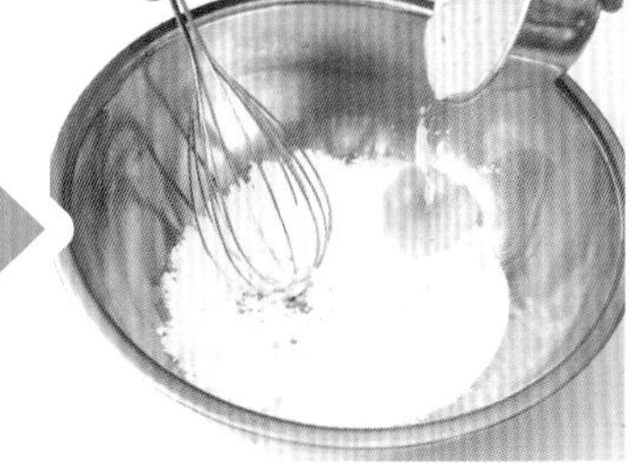

材料B放入鋼盆，用打蛋器拌勻，加材料C拌勻，再加材料D，拌勻成蛋黃糊。

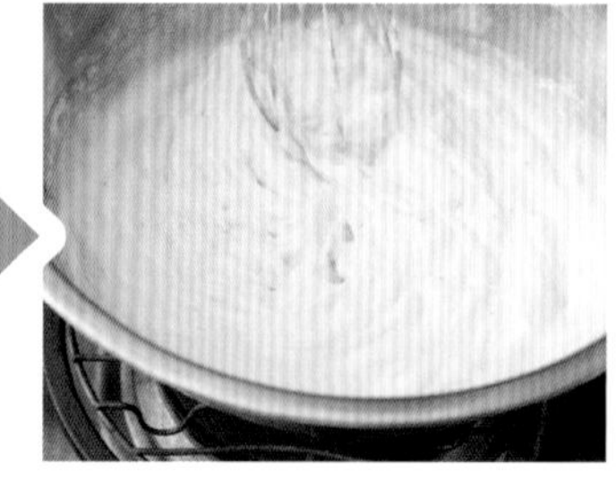

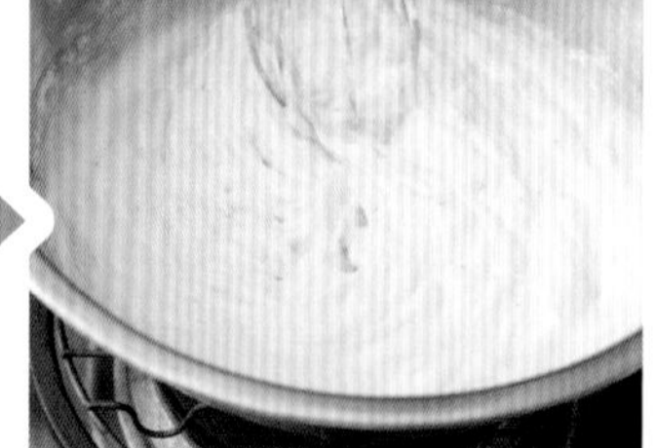

作法4的材料A趁溫熱沖入蛋黃糊，以小火邊煮邊攪拌至濃稠且沸騰冒泡。

吉利丁片擠乾後加入作法6，拌勻後蓋上保鮮膜，隔冰水降溫至25℃備用。

小叮嚀

* 卡士達醬趁熱即蓋上保鮮膜並緊貼，如此能防止冷卻後有結皮。
* 卡士達醬必須降溫至25℃，才能將打發鮮奶油加入；若溫度很高時加入，則容易產生油水分離。
* 用不完的卡士達醬可當蛋糕夾餡、泡芙餡。

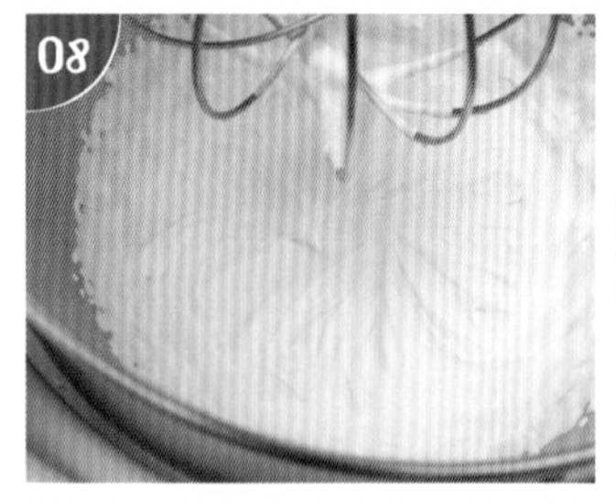

材料F鮮奶油打發呈明顯紋路（7分發），加入作法7拌勻，再裝入套平口花嘴的擠花袋，即為洋梨卡士達醬。

• 裝飾

洋梨卡士達醬填入蛋糕中空處，鋪上洋梨丁。

用香草豆莢、食用花裝飾，篩上糖粉即可。

Caramel Apple Mascarpone Kouglof

焦糖蘋果馬斯卡彭咕咕霍夫蛋糕

馬斯卡彭起司、香堤鮮奶油與焦糖蘋果餡搭配，
為樸實蛋糕增添軟綿與淡淡肉桂香。

變化4

材料

- 馬斯卡彭咕咕霍夫蛋糕麵糊
  - Ⓐ 無鹽奶油 150 克
    糖粉 30 克
    鹽 1 克
  - Ⓑ 蛋黃 3 個
    馬斯卡彭起司 40 克
  - Ⓒ 低筋麵粉 110 克
    無糖可可粉 15 克
    玉米粉 12 克
    泡打粉 2 克
  - Ⓓ 蛋白 3 個
    細砂糖 120 克
  - Ⓔ 白蘭地 15 克
- 焦糖肉桂蘋果餡
  - Ⓐ 細砂糖 100 克
    水 40 克
  - Ⓑ 蘋果丁 2 個（450 克）
  - Ⓒ 無鹽奶油 10 克
    肉桂粉 1 克
- 香堤鮮奶油 1 份→ P.027
- 裝飾
  - Ⓐ 食用花適量
    帶皮杏仁 36 顆
  - Ⓑ 糖粉 20 克

- 份量：2 盤
  （6 連咕咕霍夫蛋糕模）
- 烤溫：上火180℃ / 下火180℃
  （單火180℃）
- 賞味期：冷藏4 天

＊ 底線：與基礎款麵糊之區別。

作法

- 馬斯卡彭咕咕霍夫蛋糕麵糊

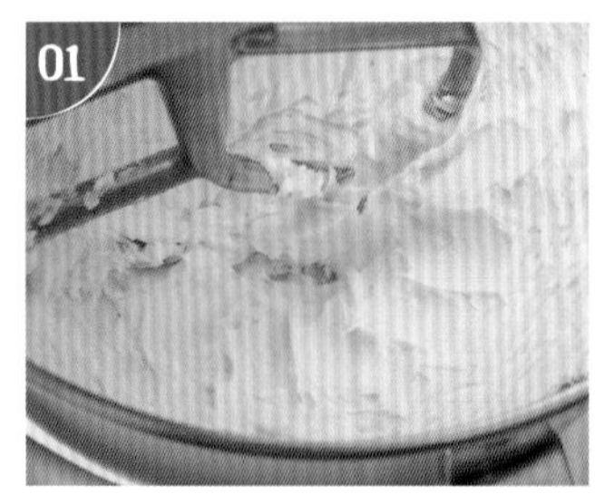

材料A放入攪拌缸，打發至乳白色蓬鬆狀。

材料B加入作法 1 ，拌勻。

再加入過篩的材料C，拌勻至無粉狀。

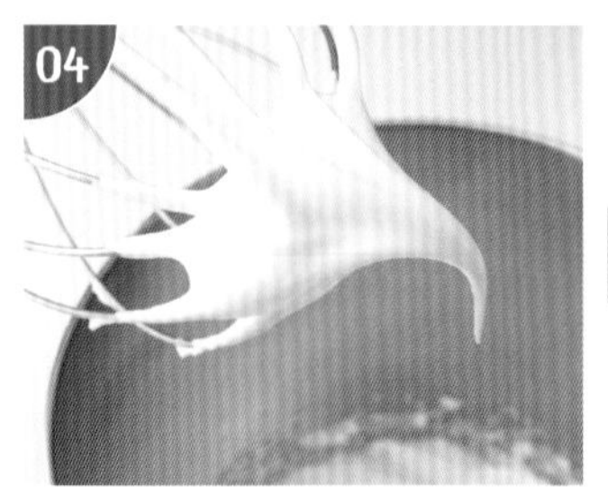

材料D打發至濕性偏硬性發泡（ 7 分發），分 2 次加入作法 3 ，用矽膠刮刀輕輕從底部往上翻拌均勻。

材料E加入作法 4 ，繼續拌勻成麵糊。

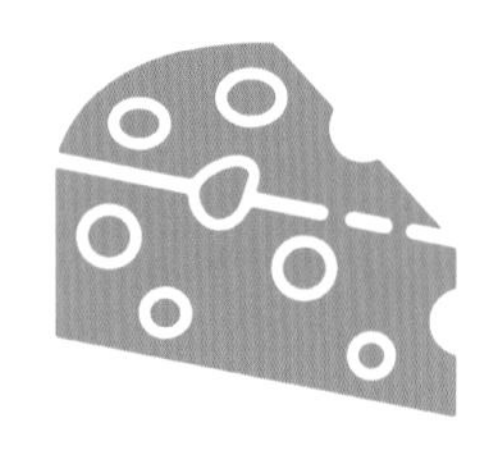

• 焦糖肉桂蘋果餡

材料A轉小火煮至琥珀色即焦糖。

材料B加入作法6，拌炒至蘋果軟且完全包裹焦糖。

材料C加入作法7，炒勻，放置一旁降溫至30℃。

取2/3焦糖肉桂蘋果餡加入作法5麵糊中，用矽膠刮刀拌勻。

• 烘烤

麵糊裝入套平口花嘴的擠花袋，擠入模具至6分滿。

放入烤箱中層，烘烤25～30分鐘至熟，脫模後放涼。

小叮嚀

* 肉桂粉可依喜好增減量。奶油、肉桂粉趁焦糖蘋果溫熱時加入，能增加奶油香氣。
* 煮焦糖時務必多小心，因為煮製過程的溫度相當高，並轉小火慢慢煮，可避免燒焦。
* 使用的6連咕咕霍夫蛋糕模（每連直徑6cm），它的模具長18×寬24×高2cm。

• 組合裝飾

香堤鮮奶油打發至稍有流動性（5分發），接著擠在蛋糕表面。

裝飾剩餘焦糖肉桂蘋果餡、材料A，篩上糖粉即可。

Chapter 3
蛋香綿密乳沫類

乳沫類蛋糕是利用蛋起泡性和糖結合，透過打發帶入空氣使糕體產生膨脹，幾乎使用液體油取代固體奶油，所以吃起來比較清爽鬆軟。

常見的海綿蛋糕、檸檬蛋糕、蜂蜜蛋糕、鬆餅、烏比派等屬於乳沫類，學會這5類蛋糕，掌握製作訣竅與夾餡裝飾手法，保證在家烘烤出專業級的美麗糕點！

海綿蛋糕

日本人稱古早味蛋糕為台灣版長崎蛋糕，其實古早味蛋糕源自日本的長崎蛋糕（Castella卡斯特拉），Castella這名字來自葡萄牙語pão de Castela。台灣日治時期，日本人把這款蛋糕傳入台灣，經過在地化改良成符合台灣人的口味，就變成我們熟悉的鬆綿質地「古早味蛋糕」。

Point

蛋白打起泡
再加糖及檸檬汁

蛋白稍打發起泡再加入細砂糖及檸檬汁為宜，糖太早加入會阻隔空氣進入蛋白，增加打發的時間。

Point

攪拌動作需輕柔
避免消泡

蛋白霜和麵糊混合時，攪拌動作必須輕柔，最好方式是用矽膠刮刀由底下往上翻拌，能避免蛋白霜消泡。

Point

蛋黃糖隔水加熱
過濾有利打發

轉小火隔水加熱蛋黃、細砂糖至35℃，並過濾多餘的雜質，以利打發至濃稠乳白色。

Sponge Cake

原味海綿蛋糕

基礎款

分蛋打法的海綿蛋糕，口感綿密鬆軟，
單吃也很好吃。

材料

- 原味海綿蛋糕麵糊

Ⓐ 蛋黃 260 克
細砂糖 115 克
Ⓑ 蛋白 325 克
細砂糖 165 克
Ⓒ 低筋麵粉 165 克
Ⓓ 沙拉油 60 克
牛奶 25 克
香草籽醬 5 克

・份量：2 個正方形模
（長20× 寬20× 高5cm）
・烤溫：上火180℃/ 下火160℃
（單火170℃）
・賞味期：室溫3 天/ 冷藏7 天

作法

- 原味海綿蛋糕麵糊

01 材料 A 倒入鋼盆，轉小火隔水加熱，用打蛋器拌勻並且溫度至 35℃。

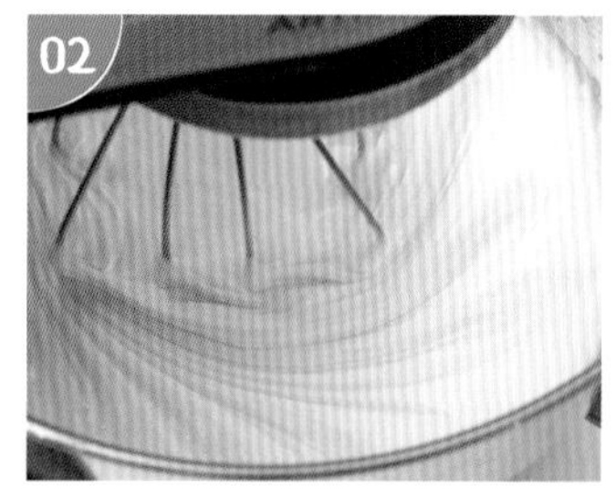

02 透過篩網過濾於攪拌缸，打發至濃稠乳白色。

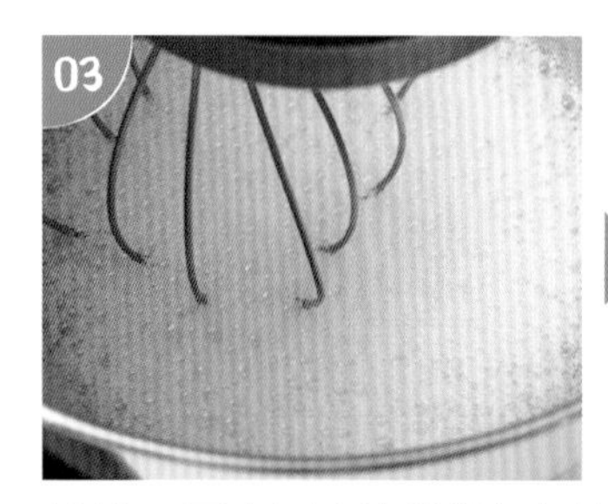
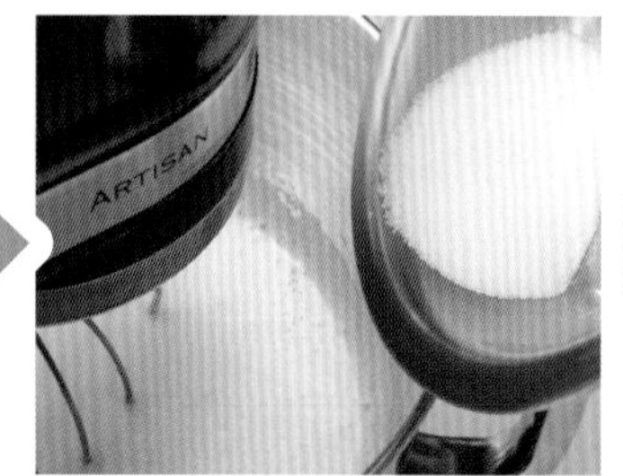

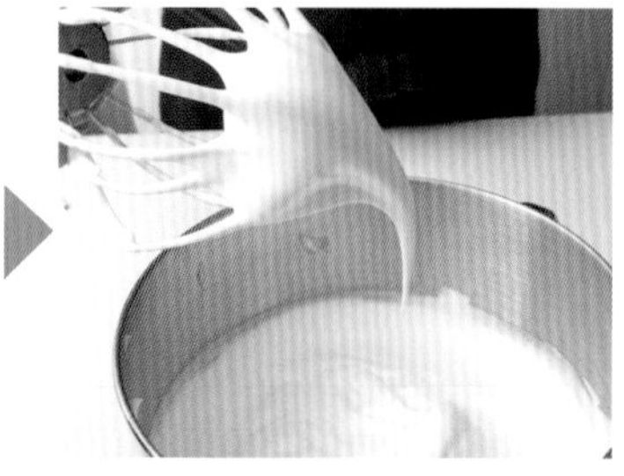

03 材料 B 蛋白用中速稍微打起泡，分 2 次加細砂糖，打發至蛋白霜尖端呈鷹勾嘴狀。

04 先取一半蛋白霜放入作法 2。

05 用矽膠刮刀從底部往上稍微翻拌。

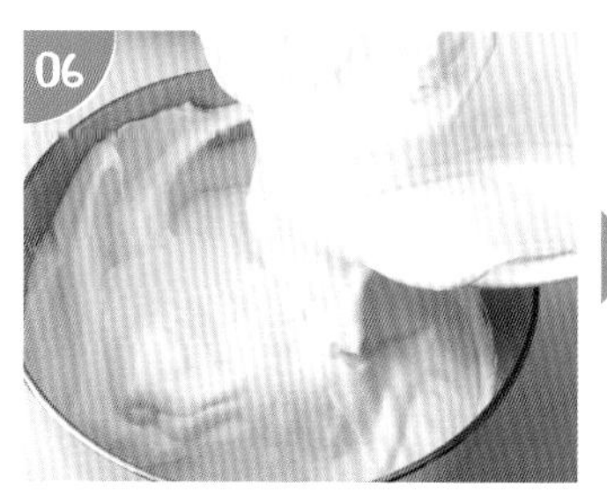

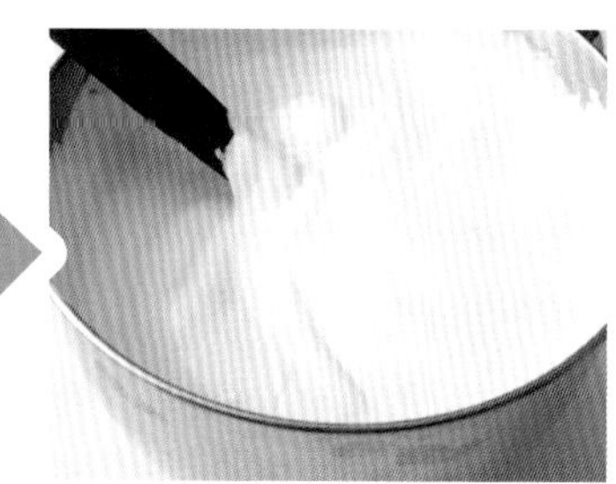

再倒入剩餘蛋白霜中，繼續由底部往上翻拌均勻。

過篩的材料 C 倒入作法 6，拌勻至無粉狀。

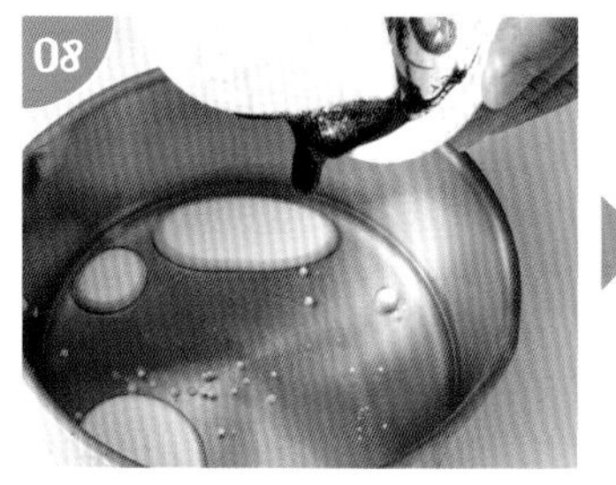

材料 D 放入小湯鍋，轉小火邊煮邊拌勻至 50℃。

再加入作法 7，用矽膠刮刀翻拌均勻。

• 烘烤

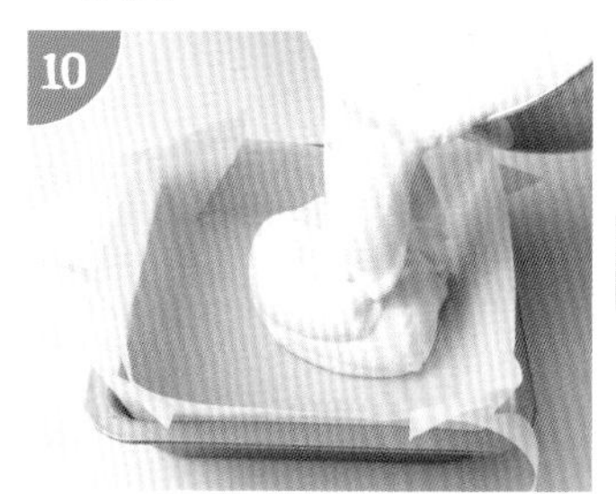

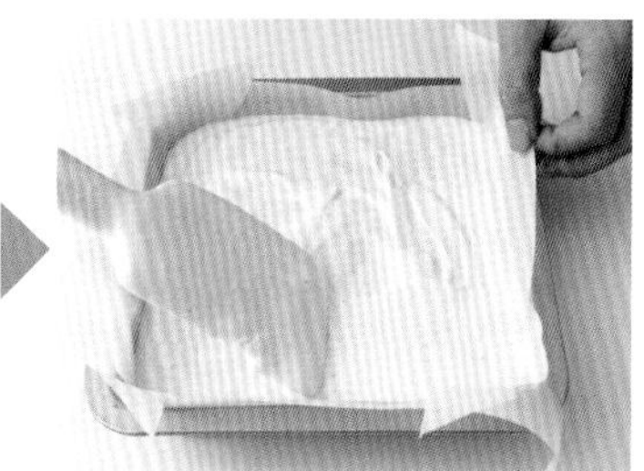

麵糊倒入鋪烘焙紙的模具，用刮刀抹平麵糊。

放入烤箱底層，烘烤 20～25 分鐘至熟。

趁熱小心撕開周圍烘焙紙，放涼。

小叮嚀

* 材料D（沙拉油、牛奶）煮至50℃，有助於後續和麵糊拌勻、不易消泡。
* 海綿蛋糕、蜂蜜蛋糕烘烤時容易膨脹較高，建議放在烤箱底層，並且下火溫度比上火低。
* 如果使用活動底模具，就不需要鋪烘焙紙。
* 烤好的蛋糕需要立即脫模並撕除烘焙紙，避免熱氣悶在蛋糕內，導致蛋糕變得太濕軟。

Normandy Strawberry Cream Cake Roll

諾曼地草莓香堤瑞士捲

變化1

海綿蛋糕捲入最佳裝飾主角香緹鮮奶油、
如戀愛酸甜滋味的草莓，令人愛不釋手。

材料

- 原味海綿蛋糕麵糊 1 份→ P.123
- 香堤鮮奶油 1 份→ P.027
- 夾層
  Ⓐ 草莓（切掉綠葉）10 個

- 裝飾
  Ⓐ 草莓（切半）5 個
  藍莓（切半）5 個
  食用花適量
  香草豆莢 1/2 支

- 份量：1 捲
  （長66 × 寬46× 高3cm 烤盤）
- 烤溫：上火180℃ / 下火160℃
  （單火170℃）
- 賞味期：冷藏4 天

作法

- 烘烤

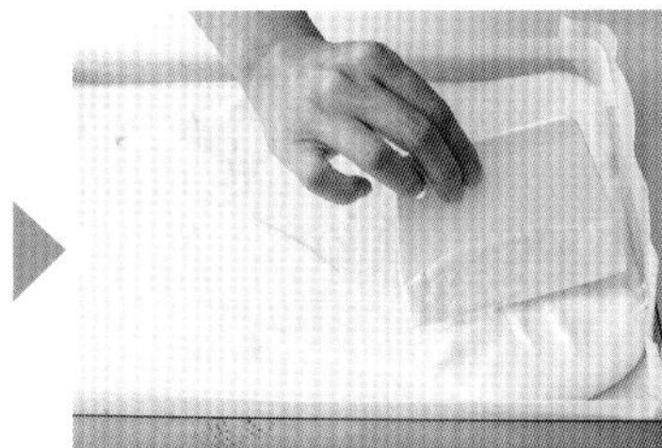

原味海綿蛋糕麵糊倒入鋪烘焙紙的烤盤，刮平麵糊。

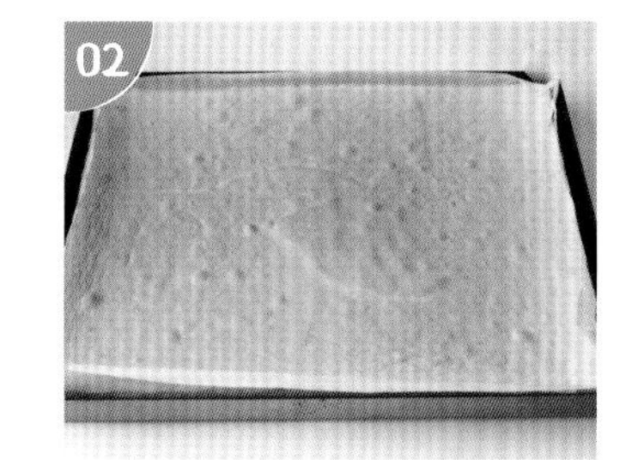

放入烤箱底層，烘烤 20～25 分鐘至熟。

趁熱小心撕開周圍烘焙紙，放涼。

- 組合裝飾

蛋糕 4 邊修齊後放在 1 張比蛋糕大的烘焙紙上，抹上 1 層香堤鮮奶油，在靠近自己這端的蛋糕表面輕輕劃 2 刀。

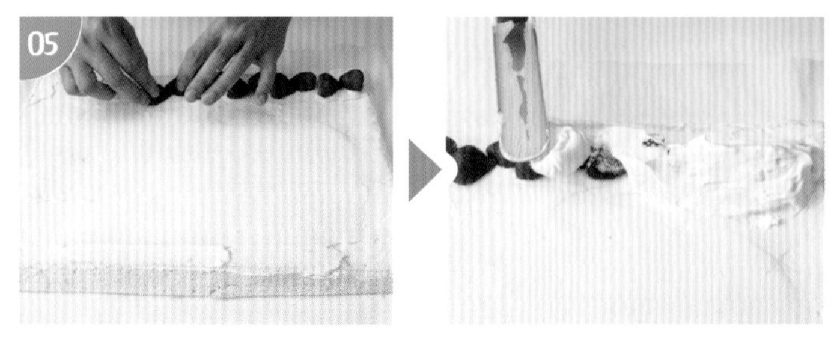

接著鋪上切掉綠葉的草莓當夾層，再抹上 1 層香堤鮮奶油並且蓋住草莓。

擀麵棍放在烘焙紙下方，並貼著蛋糕邊。

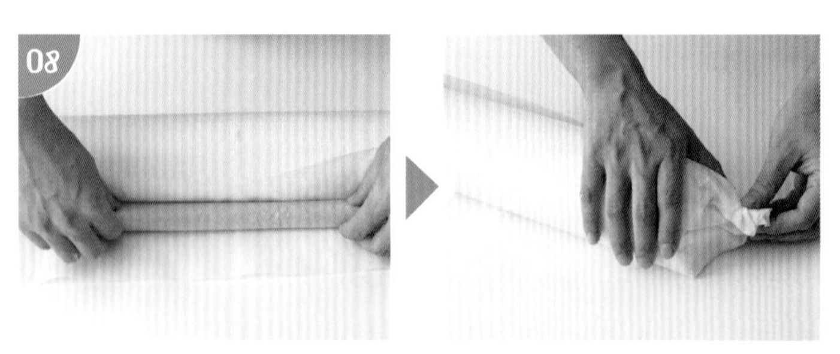

讓烘焙紙包覆擀麵棍，貼著蛋糕往前捲起成蛋糕捲。

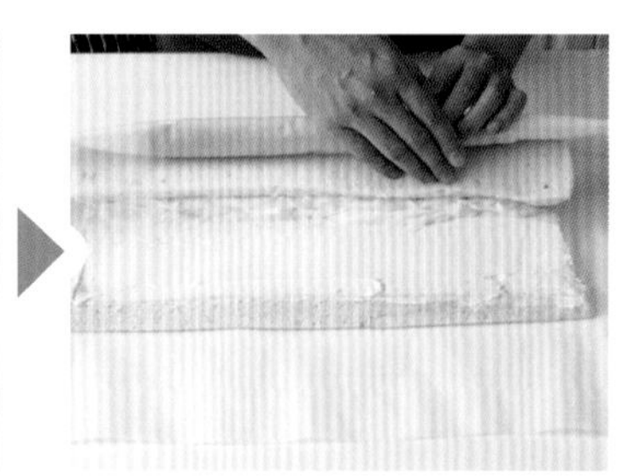

捲到尾端時，用擀麵棍貼近蛋糕捲固定，兩端烘焙紙向內折好，冷藏 10 分鐘定型。

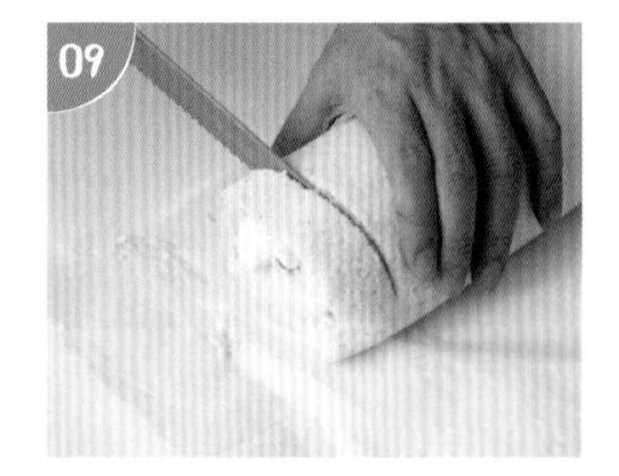

取出後撕開烘焙紙，切片。

香堤鮮奶油填入套 8 齒菊花花嘴的擠花袋，在蛋糕捲表面擠花，裝飾材料 A 即可。

小叮嚀

* 在蛋糕表面輕劃 2 刀，可在一開始捲蛋糕時更順利捲起。
* 夾層的草莓可換成喜歡的水果，並瀝乾水分。

Cheese Chocolate Sponge Cake
起司巧克力海綿蛋糕球

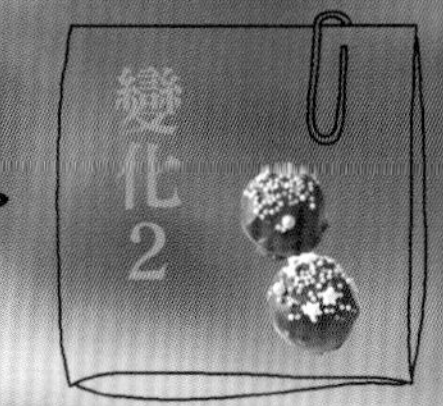

海綿蛋糕與堅果、奶油起司混合後塑成球狀，
裹上巧克力、裝飾糖珠，像繽紛的七彩珍珠。

材料

• 起司果乾內餡

Ⓐ 原味海綿蛋糕 70 克 → P.123

Ⓑ 無花果醬 30 克
蔓越莓乾（切碎）15 克
葡萄乾（切碎）15 克
柳橙汁 10 克
檸檬汁 5 克
蘭姆酒 10 克

Ⓒ 奶油起司 160 克

Ⓓ 苦甜巧克力（調溫）80 克

• 裝飾

Ⓐ 苦甜巧克力（非調溫）200 克

Ⓑ 食用彩色糖珠 50 克

• 份量：20 個
• 烤溫：無
• 賞味期：室溫3 天/ 冷藏7 天

作法

• 起司果乾內餡

01 材料 A 原味海綿蛋糕完全放涼，再剝小塊。

02 材料 B 先浸泡一夜，與作法 1 拌勻。

03 回軟的材料 C 加入作法 2，攪拌均勻。

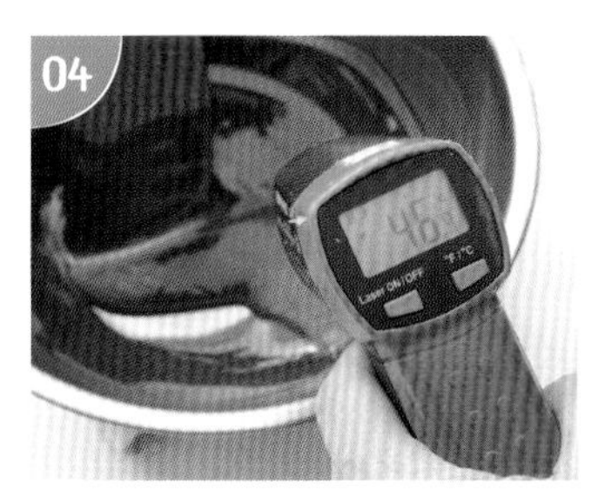

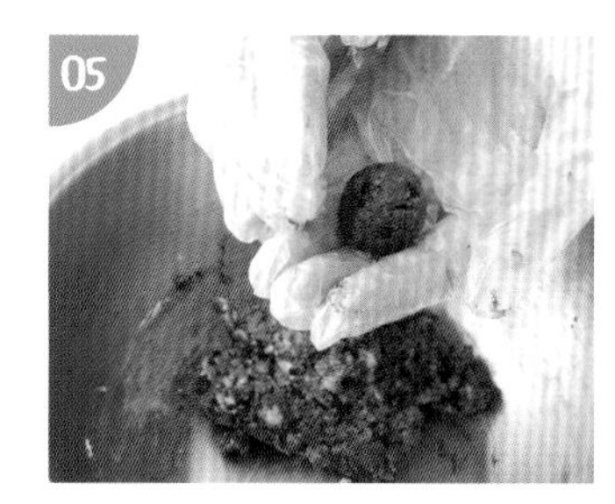

材料 D 轉小火隔水加熱融化，再加入作法 3，拌匀為內餡。

戴手套將內餡揉成 20 個球狀，冷藏 10 分鐘凝固。

• 裝飾

材料 A 以小火隔水加熱融化，用叉子將內餡沾裹巧克力後放矽膠墊上，裝飾材料 B 即可。

小叮嚀

＊材料 B 先浸泡 1 夜，可以讓果乾充分入味並軟化，口感更美味。

＊巧克力融化溫度控制 46 ～ 48℃為宜，超過 48℃會破壞巧克力內含的可可脂。

Berry Chocolate Mousse

野莓巧克力渲染慕斯

變化3

光滑的巧克力鏡面上淋了多彩色膏，
渲染出令親友驚嘆的漂亮五星級甜點。

材料

- 原味海綿蛋糕 1 個→ P.123
- 巧克力慕斯
  - Ⓐ 水 15 克
    細砂糖 55 克
  - Ⓑ 蛋黃 2 個
  - Ⓒ 苦甜巧克力（調溫）75 克
  - Ⓓ 動物性鮮奶油 225 克
- 裝飾
  - Ⓐ 白巧克力（非調溫）80 克
    食用色膏（紅、黃、橘）各 1 滴
  - Ⓑ 藍莓（切半）2 個
    草莓（切半）1 個
    巧克力渲彩片 4 圓片→ P.032
    金箔 2 片
- 巧克力鏡面
  - Ⓐ 動物性鮮奶油 120 克
    水 150 克
    細砂糖 180 克
  - Ⓑ 無糖可可粉 65 克
  - Ⓒ 吉利丁片 2 片

- 份量：2 個（3.5 吋慕斯圈）
- 烤溫：無
- 賞味期：冷藏4 天/ 冷凍7 天

作法

- 原味海綿蛋糕壓圓

蛋糕放涼，用 3.5 吋慕斯圈壓出 2 片厚度約 0.5cm 的圓形。

- 巧克力慕斯

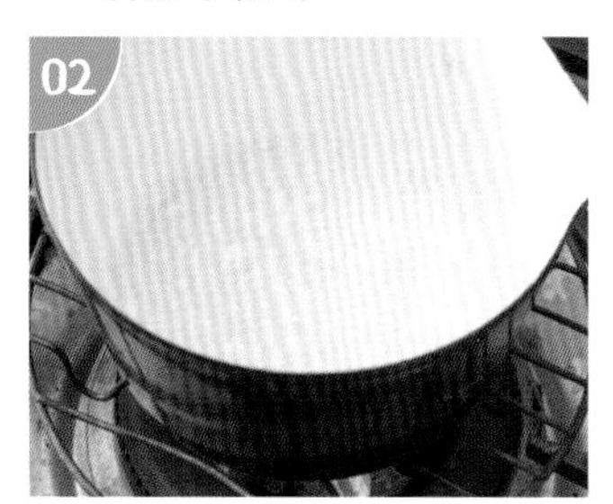

材料 A 轉小火煮至 117℃。

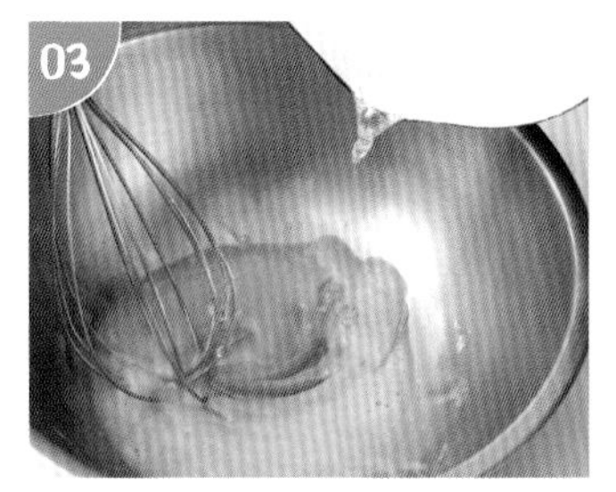

材料 B 打散，將作法 2 沖入殺菌，打發至乳白色。

材料 C 以小火隔水加熱融化，加入作法 3，拌勻。

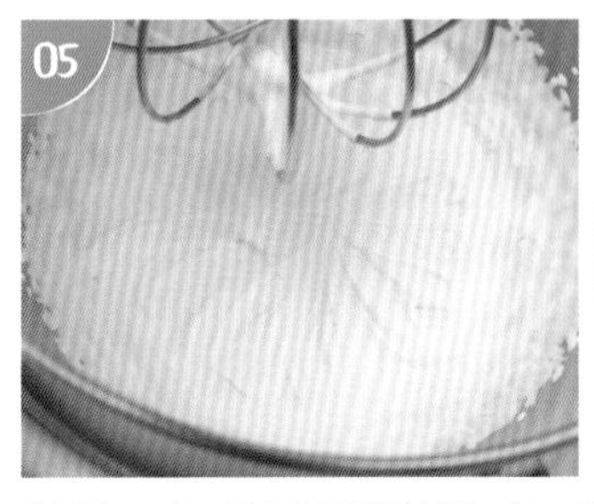

材料 D 打發呈明顯紋路（7 分發），再加入作法 4，用矽膠刮刀拌勻。

• 巧克力鏡面

材料 A 放入小湯鍋，以小火煮沸。

材料 B 過篩後加入作法 6，用打蛋器拌勻，換矽膠刮刀拌煮至 103℃濃稠狀。

材料 C 泡冰水變軟後擠乾，加入作法 7，拌勻後過濾更細緻，降溫 50 ～ 60℃。

小叮嚀

＊巧克力慕斯的材料 A 煮到 117℃即可，若超過此溫度則沖入蛋黃時糖容易結晶。

＊作法 7 煮至 103℃濃稠狀，溫度太低則鏡面太稀不易披覆，溫度太高則鏡面太稠不易操作。

＊巧克力鏡面降溫 50 ～ 60℃、色膏淋面降溫 35℃，再淋於慕斯蛋糕為宜。

• 組合裝飾

蛋糕鋪入 3.5 吋慕斯圈（底部墊平盤），倒入巧克力慕斯後抹平，再冷凍 1 小時凝固。

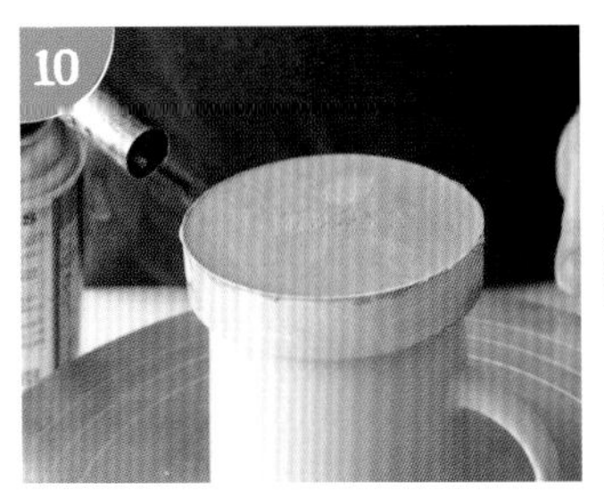

取出凝固的慕斯蛋糕，用噴槍加熱慕斯圈即可順利脫模。

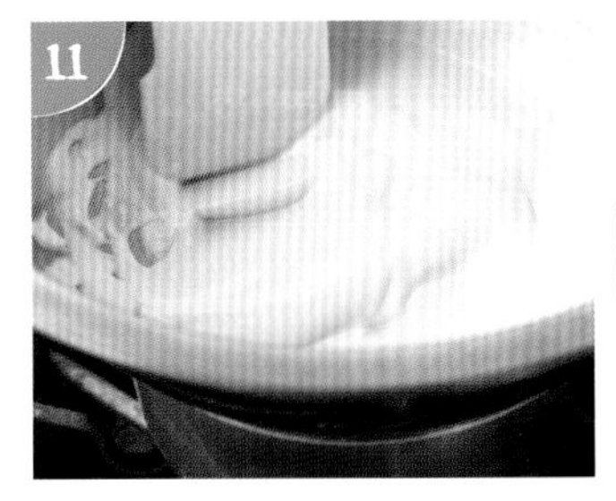

白巧克力隔水加熱融化，分成 3 份（另外留 15 克備用），這 3 份分別加入色膏（紅、黃、橘）拌勻，降溫 35℃。

在作法 10 的慕斯蛋糕表面淋上巧克力鏡面。

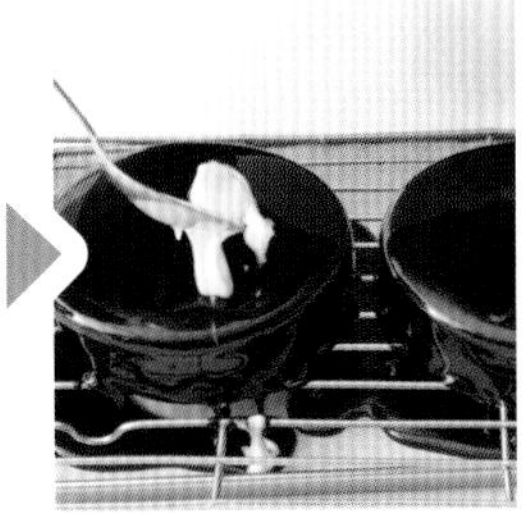

再依序淋上白巧克力，及黃、紅、橘色巧克力，此步驟動作必須快速，太慢則容易凝固不好淋。

用抹刀抹平，放入冰箱冷藏 10 分鐘，等待凝固。

裝飾材料 B 水果、巧克力渲彩圓片及金箔。

Matcha Fruit Cake Treasure Box

抹茶水果蛋糕寶盒

抹茶海綿蛋糕、香濃奶香的卡士達醬與水果層層相疊，
你也可以做出網路超夯的蛋糕寶盒。

材料

- 抹茶海綿蛋糕麵糊
  - Ⓐ 蛋黃 130 克
    細砂糖 58 克
  - Ⓑ 蛋白 163 克
    細砂糖 83 克
  - Ⓒ 低筋麵粉 83 克
  - Ⓓ 沙拉油 30 克
    牛奶 13 克
    香草籽醬 5 克
    抹茶粉 3 克

- 抹茶卡士達醬
  - Ⓐ 牛奶 250 克
    無鹽奶油 30 克
    細砂糖 30 克
  - Ⓑ 細砂糖 30 克
    玉米粉 30 克
    抹茶粉 2 克
  - Ⓒ 牛奶 63 克
  - Ⓓ 蛋黃 3 個
  - Ⓔ 吉利丁片 1 片
  - Ⓕ 動物性鮮奶油 125 克

- 裝飾
  - Ⓐ 葡萄（切半）8 個
    奇異果（切小丁）70 克
    火龍果（切小丁）70 克
    柳橙（切小瓣）50 克
  - Ⓑ 杏桃果膠 100 克

- 份量：2 個長方盒
  （長15× 寬11× 高7cm）
- 烤溫：上火180℃ / 下火160℃
  （單火170℃）
- 賞味期：冷藏4 天

＊底線：與基礎款麵糊之區別。

作法

- 抹茶海綿蛋糕麵糊

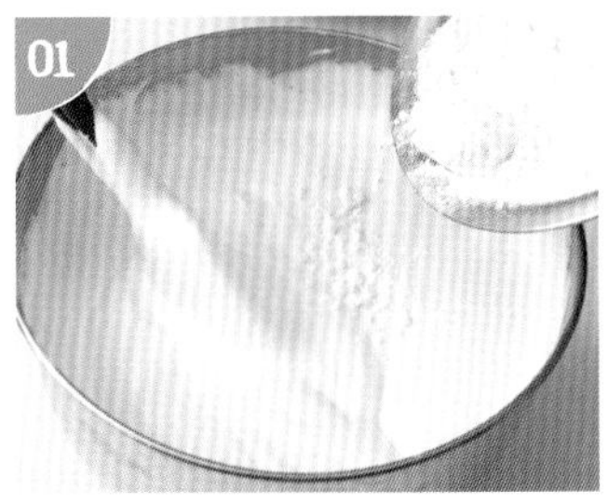

01 將材料A～C拌勻，見P.123 基礎款「原味海綿蛋糕」作法 1 ～ 7。

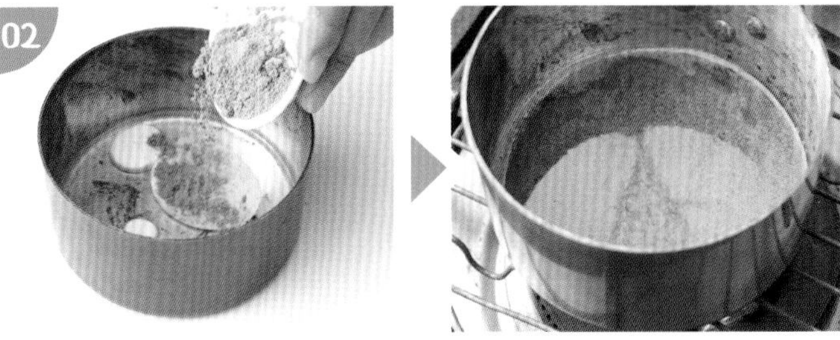

02 材料 D 放入小湯鍋，轉小火邊煮邊拌勻至 70℃。

03 再加入作法 1，用矽膠刮刀翻拌均勻。

• 烘烤

麵糊倒入鋪烘焙紙的正方形模（長20×寬20×高5cm），用刮刀抹平麵糊。

放入烤箱底層，烘烤20～25分鐘至熟。

趁熱小心撕開周圍烘焙紙，放涼。

• 抹茶卡士達醬

材料A轉小火煮沸；材料E吉利丁片泡冰水變軟，備用。

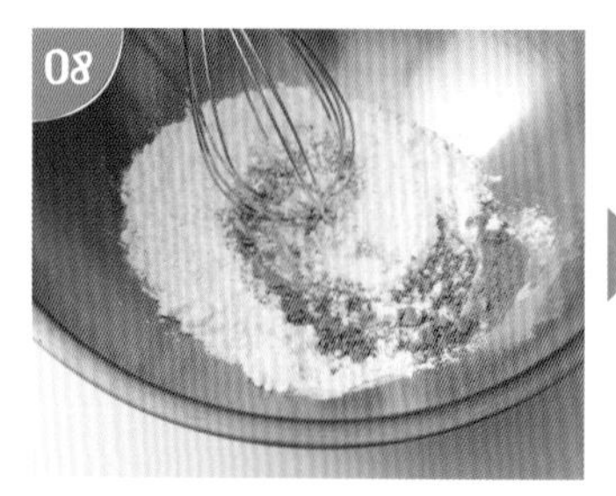

材料B放入鋼盆，用打蛋器拌勻，加材料C拌勻，再加材料D，拌勻成蛋黃糊。

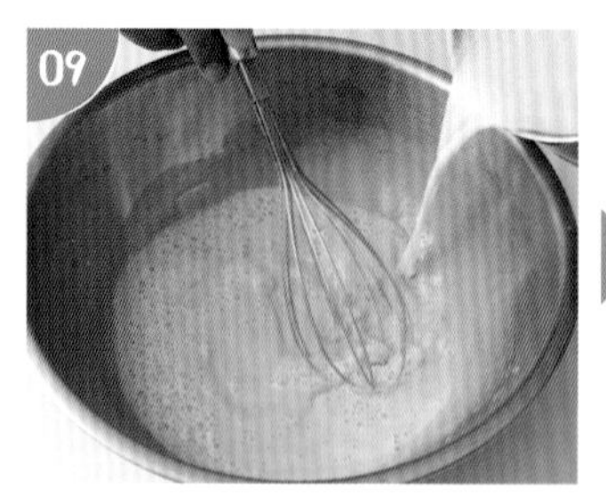

作法7的材料A趁溫熱沖入蛋黃糊，轉小火邊煮邊攪拌至濃稠且沸騰冒泡。

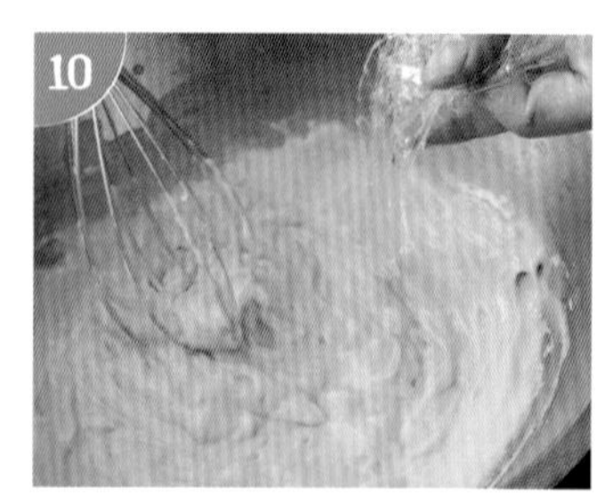

吉利丁片擠乾後加入作法9，拌勻。

蓋上保鮮膜，隔冰水降溫至25℃備用。

小叮嚀

*抹茶卡士達醬必須降溫至25℃，才能將打發鮮奶油加入；若溫度很高時加入，則容易產生油水分離。

*卡士達醬趁熱即蓋上保鮮膜並緊貼，如此能防止冷卻後有結皮。

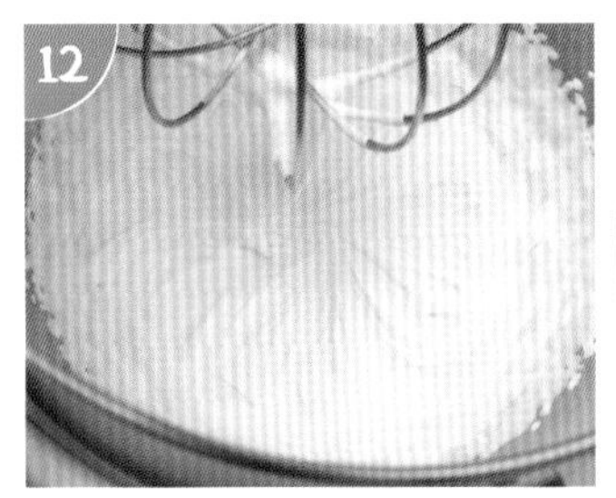

材料F打發呈明顯紋路（7分發），加入作法11拌勻，裝入套平口花嘴的擠花袋。

• 組合裝飾

蛋糕4邊修齊，切4片（長14×寬10×高2cm）。

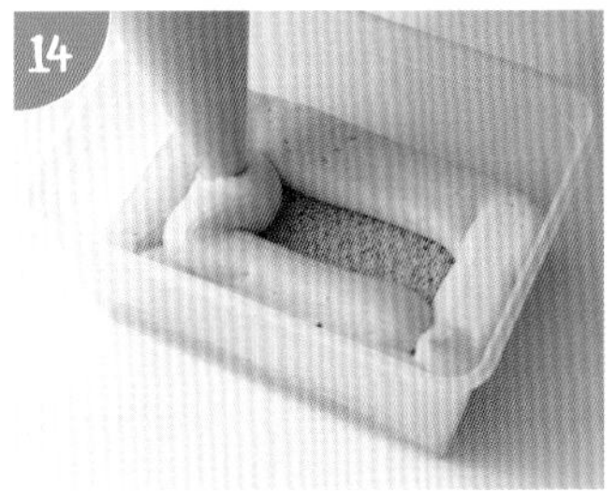

準備2個長方盒（長15×寬11×高7cm），取1片蛋糕放入長方盒，擠上抹茶卡士達醬，再鋪1片蛋糕。

再擠上1層抹茶卡士達醬，用矽膠刮刀抹平。

鋪上裝飾材料A水果，表面塗上材料B杏桃果膠，完成2盒即可食用。

檸檬蛋糕

檸檬蛋糕（長條或檸檬形狀）是昭和時代日本人到友人家拜訪時常吃到的點心，鬆軟的蛋糕麵糊拌入檸檬皮，表面淋上微酸糖霜或檸檬巧克力，是日本國民蛋糕之一。後來台灣台中糕餅店也開始製作這款檸檬形狀的蛋糕，成為大家習慣買來當伴手禮的糕點。

Point 1

檸檬皮和糖拌勻 靜置釋出香氣

細砂糖和檸檬皮屑混合後，靜置 15 分鐘，藉由糖水分與酸融合，更能釋出香氣。

Point

隔水加熱助全蛋打發 麵糊更細緻

麵糊材料 A（蛋、細砂糖、檸檬皮）以小火隔水加熱至 40℃，可幫助全蛋打發膨脹效果，讓麵糊更細緻。

Point

奶油小火融化50℃ 達到乳化效果

麵糊材料 D（無鹽奶油）轉小火煮至 50℃融化，再加入麵糊中，混合攪拌可達到乳化效果，如此不易油水分離。

Lemon Cake

經典檸檬蛋糕

基礎款

先讓大家品味充滿檸檬香氣不裝飾的蛋糕，
後續再以此麵糊變出不同樣式。

材料

- 經典檸檬蛋糕麵糊
  - Ⓐ 全蛋 225 克
    細砂糖 132 克
    檸檬皮屑 10 克
  - Ⓑ 低筋麵粉 155 克
  - Ⓒ 檸檬汁 30 克
  - Ⓓ 無鹽奶油 142 克
  - Ⓔ 蜂蜜 10 克

- 份量：12 個（檸檬造型模）
- 烤溫：上火180℃/ 下火180℃（單火180℃）
- 賞味期：室溫3 天/ 冷藏7 天

作法

- 經典檸檬蛋糕麵糊

01 材料 A 細砂糖及檸檬皮混合後靜置 15 分鐘。

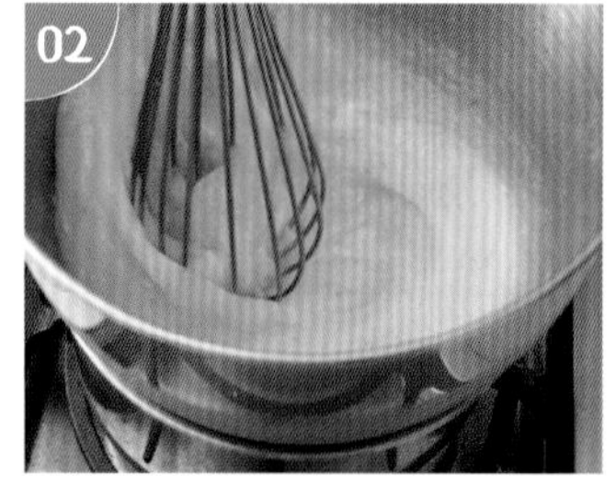

02 作法 1 材料、全蛋放入攪拌缸，轉小火隔水加熱至 40℃。

03 用電動攪拌機打發至乳白色濃稠狀態。

04 材料 B 過篩後加入作法 3，用矽膠刮刀拌勻至無粉狀。

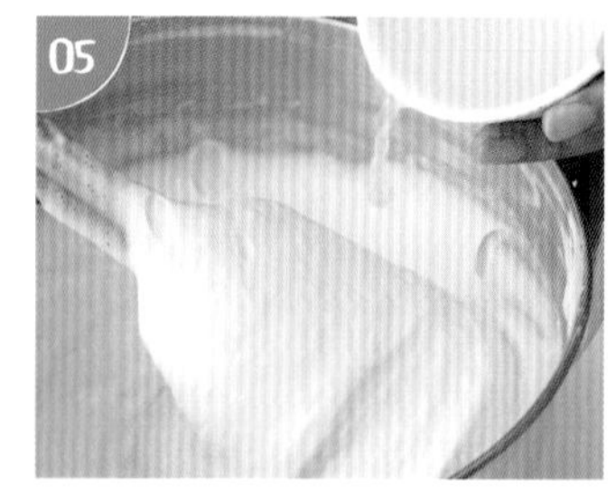

05 材料 C 加入作法 4，用刮刀繼續拌勻。

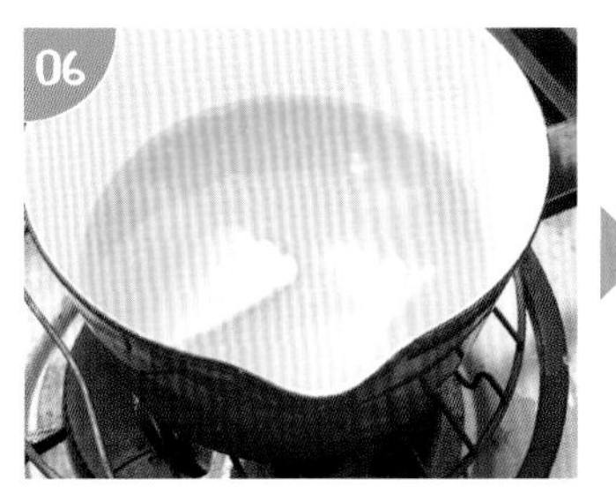

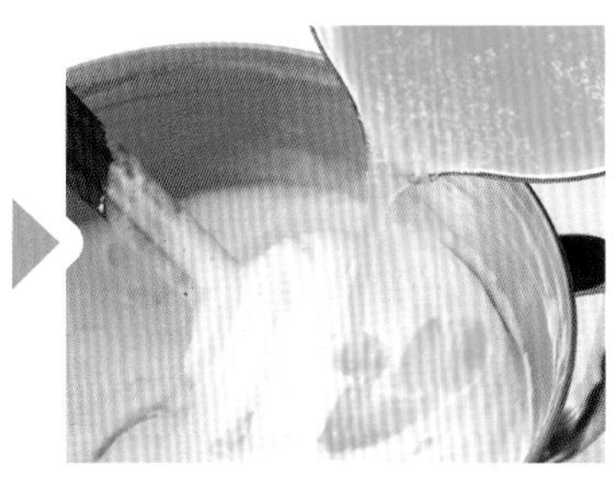

材料 D 無鹽奶油以小火煮至融化，加入作法 5，拌勻。

07

再加材料 E，拌勻。

• 烘烤

檸檬造型模塗上薄薄奶油（額外），並撒粉（額外），麵糊倒至 6 分滿。

放入烤箱中層，烘烤 15 ～ 18 分鐘至熟。

趁熱小心脫模，放涼。

小叮嚀

＊細砂糖和檸檬皮屑混合後靜置 15 分鐘，更能釋出香氣。

Lemon Chocolate Cake

伴手禮檸檬巧克力小蛋糕

變化1

經典檸檬蛋糕裹上檸檬巧克力，就是大家熟悉的台中伴手禮糕點。

材料

- 經典檸檬蛋糕 12 個→ P.141
- 裝飾
  Ⓐ 檸檬巧克力（非調溫） 200 克
  Ⓑ 檸檬皮屑 15 克

- 份量：12 個
- 烤溫：無
- 賞味期：室溫3 天/ 冷藏7 天

作法

- 裝飾

檸檬巧克力以小火隔水加熱融化。

叉子插入檸檬蛋糕體背面，沾裹檸檬巧克力後放矽膠墊上，待凝固。

剩餘的檸檬巧克力裝入三角錐烘焙紙，畫上細線條。

撒上檸檬皮屑即可。

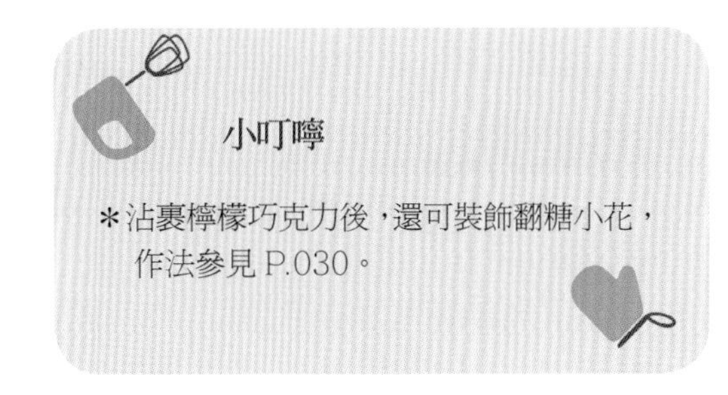

小叮嚀

*沾裹檸檬巧克力後，還可裝飾翻糖小花，作法參見 P.030。

Grandma Lemon Cake

老奶奶檸檬柚子蛋糕

蛋糕體同時有檸檬柚子香氣，外層淋上酸甜滋味的檸檬糖霜，讓老奶奶蛋糕帶來清爽口感。

材料

- 檸檬柚子蛋糕麵糊
  - Ⓐ 全蛋 225 克
    細砂糖 132 克
    檸檬皮屑 10 克
  - Ⓑ 低筋麵粉 155 克
  - Ⓒ 檸檬汁 30 克
  - Ⓓ 無鹽奶油 142 克
  - Ⓔ 柚子醬 10 克
- 檸檬糖霜 1 份→ P.029
- 裝飾
  - Ⓐ 檸檬皮 1/2 個

* 份量：1 個圓形模（直徑6 吋）
* 烤溫：上火180℃/ 下火180℃（單火180℃）
* 賞味期：室溫3 天/ 冷藏7 天

＊底線：與基礎款麵糊之區別。

作法

• 檸檬柚子蛋糕麵糊

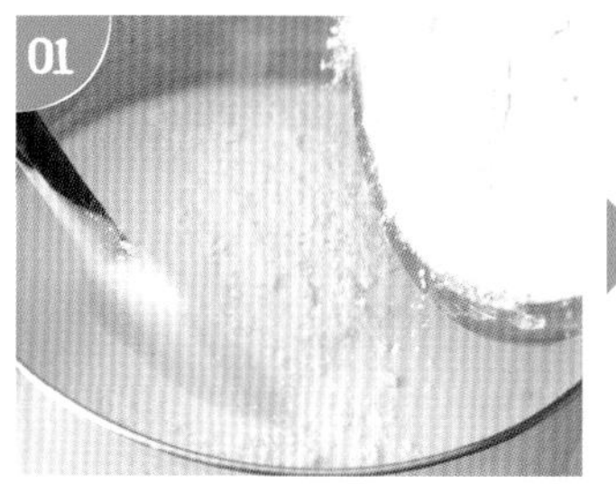

將材料 A ～ D 拌勻，見 P.141 基礎款「經典檸檬蛋糕」作法 1 ～ 6。

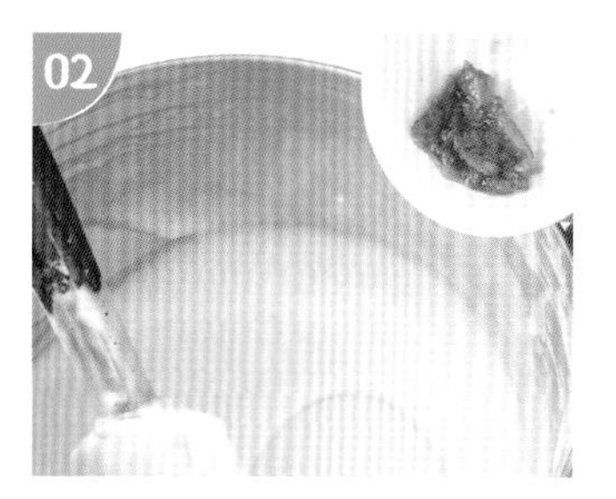

材料 E 加入作法 1，拌勻為麵糊。

• 烘烤

檸檬柚子麵糊倒入鋪烘焙紙的圓形模。

放入烤箱中層，烘烤 25 ～ 30 分鐘至熟。

趁熱脫模，撕除底部的烘焙紙後放涼。

• 組合裝飾

檸檬糖霜淋於蛋糕表面，用抹刀抹平。

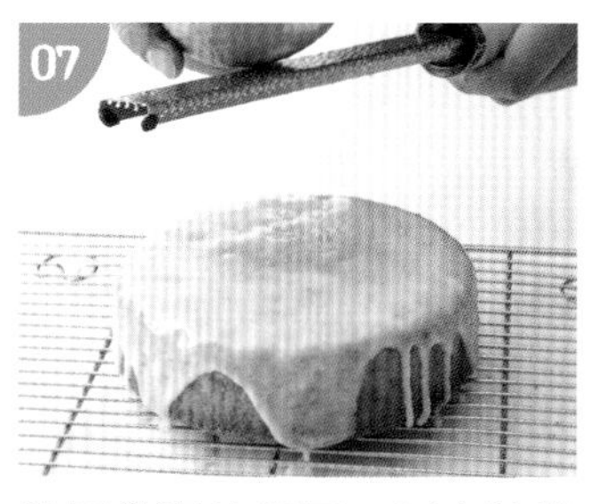

放置常溫待凝固，刨上檸檬皮即可。

小叮嚀

* 這道蛋糕名稱源自南法盛產檸檬的 1 個小鎮，鎮上的老奶奶經常使用檸檬製作蛋糕。

Mango Lemon Cake

芒果布丁檸檬蛋糕

變化3

蛋糕抹上雪白香堤鮮奶油，
鋪著芒果布丁、裝飾洋梨卡士達醬，
讓這道甜點充滿夏天氣息。

材料

- 檸檬柚子蛋糕 1 個→ P.146
- 芒果布丁
  - Ⓐ 水 150 克
    細砂糖 25 克
  - Ⓑ 芒果果泥 165 克
  - Ⓒ 吉利丁片 2 片
  - Ⓓ 動物性鮮奶油 10 克
    牛奶 10 克
- 香堤鮮奶油 1 份→ P.027
- 洋梨卡士達醬 1 份→ P.115
- 裝飾
  - Ⓐ 杏桃果膠 80 克
  - Ⓑ 檸檬 2 瓣
    無花果 1 瓣
    薄荷葉 2 小株
    藍莓（切半）1 個
    銀箔 2 片
  - Ⓒ 糖粉 20 克

・份量：1 個（直徑6 吋）
・烤溫：上火180℃/ 下火180℃
（單火180℃）
・賞味期：冷藏4 天/ 冷凍7 天

作法

• 芒果布丁

材料A以小火煮沸，加材料B、泡軟並擠乾的材料C吉利丁片，用矽膠刮刀拌勻。

材料D加入作法1，用刮刀繼續拌勻。

03

再倒入3.5吋慕斯圈（先包保鮮膜），冷凍1小時凝固後脫模。

• 組合裝飾

香堤鮮奶油抹於蛋糕體表面和周圍。

杏桃果膠塗於芒果布丁表面，再放於蛋糕上方。

洋梨卡士達醬裝入套平口花嘴的擠花袋，擠於芒果布丁周圍裝飾。

放上裝飾材料B，篩上材料C糖粉即可食用。

小叮嚀

* 杏桃果膠可以換成一般鏡面果膠。
* 脫模法可用噴槍或熱毛巾包覆慕斯圈，藉由溫熱後脫模。

蜂蜜蛋糕

日本著名西點，最早起源於荷蘭古國，當時的貴族招待使節，都會用它來向賓客表達主人最隆重的敬意。由於德川幕府採取鎖國政策，當時僅在長崎等少數地點做為外國船隊訪日的港口，因此希望進入日本做生意的荷蘭商人便特地帶著這款蛋糕見天皇，立即博得讚賞。

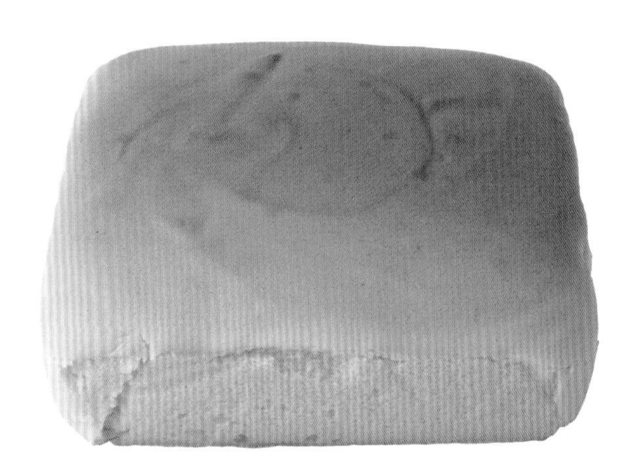

Point

1

牛奶與蜂蜜先加熱
不易油水分離

麵糊材料A（牛奶、蜂蜜）以小火加熱至50℃，能促進與其他麵糊材料充分拌勻，並且完成乳化，如此不易產生油水分離狀況。

Point

中筋麵粉助糕體高度
低筋麵粉易回縮

為了讓蜂蜜蛋糕有一定高度及綿密帶點Q彈，通常選擇中筋麵粉製作，若使用低筋麵粉，則做出來的蛋糕容易回縮。

Point

烤盤換方向
不宜延遲

烘烤時間較長，為了讓糕體受熱均勻，中途烤盤需調頭（換方向），烤箱門打開的時間宜短，太久容易讓爐溫降低。

Classic Honey Cake

原味蜂蜜蛋糕

基礎款

麵糊中加了蜂蜜及較多的雞蛋，
讓糕體更滑順、蛋香濃郁，
是深受歡迎的綿密蛋糕之一。

材料

- 原味蜂蜜蛋糕麵糊

Ⓐ 牛奶 60 克
蜂蜜 60 克
沙拉油 60 克
蘭姆酒 5 克

Ⓑ 中筋麵粉 90 克

Ⓒ 蛋黃 6 個
全蛋 1 個

Ⓓ 蛋白 6 個
細砂糖 50 克
檸檬汁 5 克

- 份量：1 個正方形模
（長20× 寬20× 高5cm）
- 烤溫：上火180℃/ 下火160℃
（單火170℃）
- 賞味期：室溫3 天/ 冷藏7 天

作法

- 原味蜂蜜蛋糕麵糊

01

材料 A 牛奶、蜂蜜放入小湯鍋，轉小火加熱至 50℃並拌勻。

02

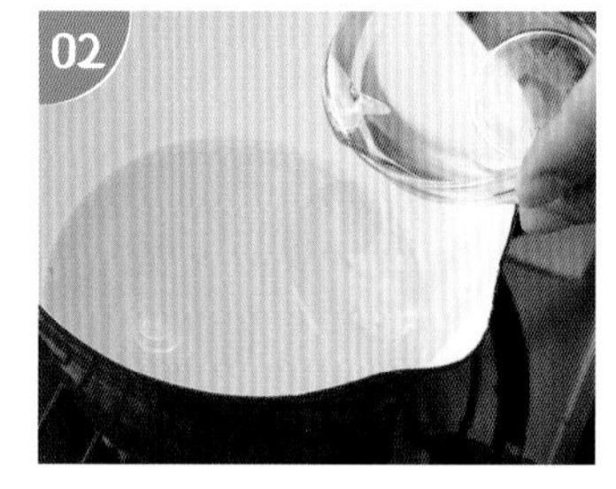

再加入沙拉油、蘭姆酒，繼續拌勻。

03

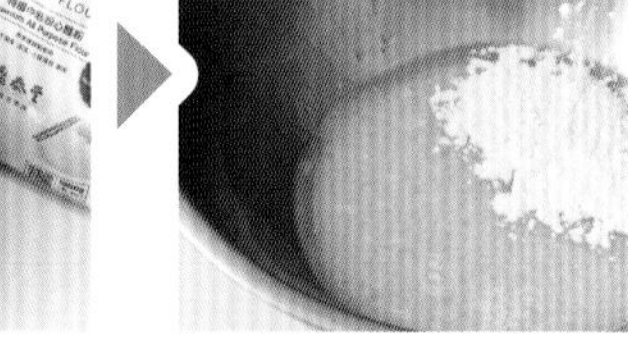

材料 B 過篩後，與作法 2 混合。

04

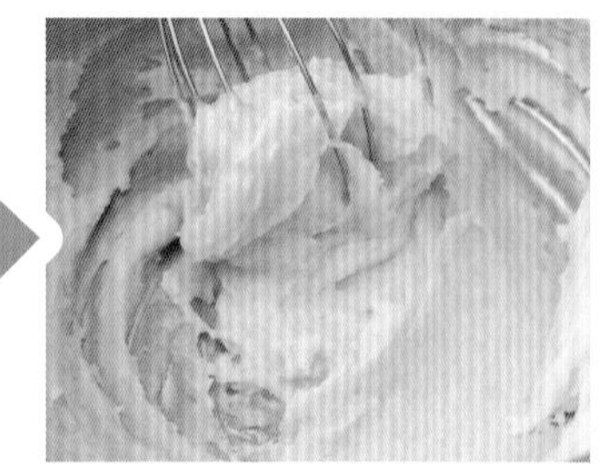

用打蛋器拌勻至無粉狀，並且變得濃稠。

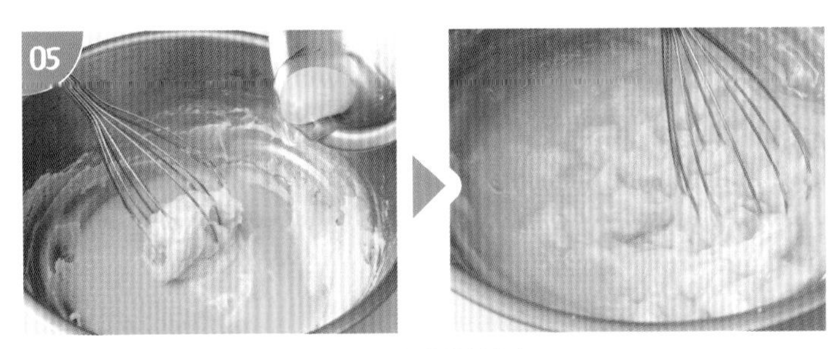

材料 C 加入作法 4，用打蛋器繼續拌勻。

材料 D 蛋白放入攪拌缸，用中速稍微打起泡，再加入細砂糖、檸檬汁，打發至濕性偏硬性發泡（蛋白霜尖端呈鷹勾嘴狀）。

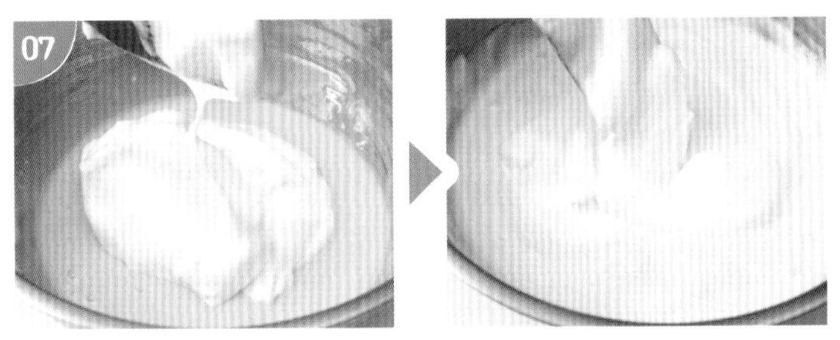

先取一半蛋白霜放入作法 5，用矽膠刮刀從底部往上稍微翻拌數下。

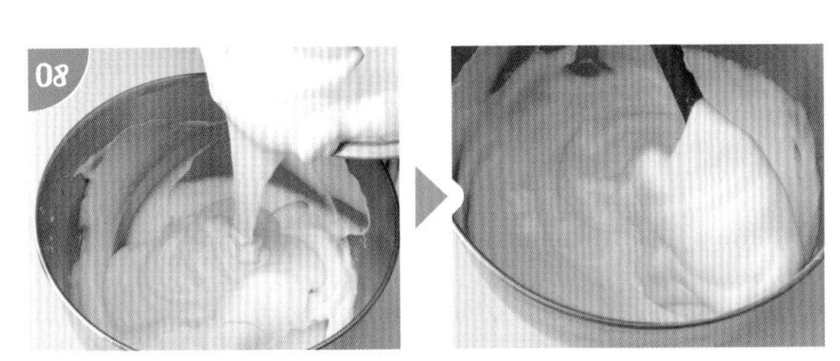

再倒入剩餘蛋白霜中，繼續由底部往上翻拌均勻。

• 烘烤

鋪 1 張烘焙紙於非活動式模具，如果使用活動式模具可省略此步驟。

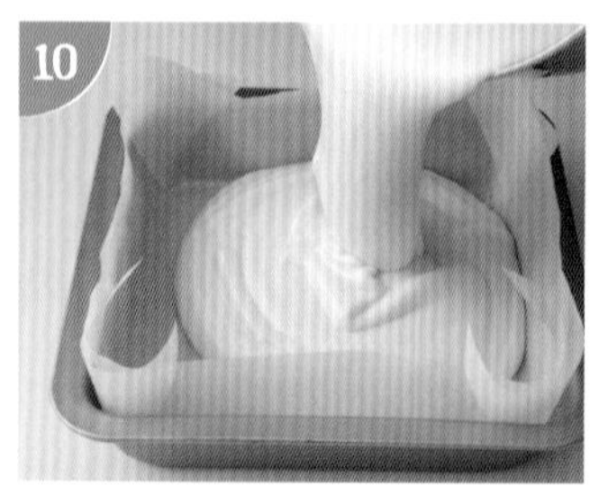

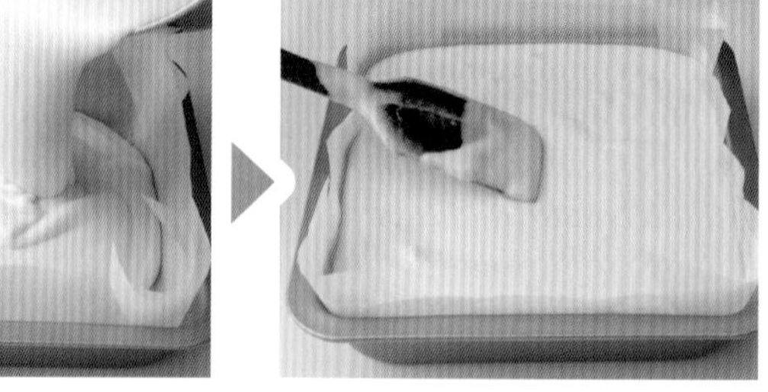

將麵糊倒入方形模至 8 分滿，用刮刀抹平麵糊。

放入烤箱底層先烤20分鐘，烤盤調頭後烤25～30分鐘至熟，趁熱撕開烘焙紙，放涼。

小叮嚀

* 沙拉油可換成味道較淡的油，例如：橄欖油、葡萄籽油、亞麻仁油。
* 放涼的蜂蜜蛋糕高度稍微矮一些，屬於正常現象，不影響鬆綿質地。
* 打蛋器的鋼數多寡將影響打發的細緻度，請用一般打蛋器耐心打，或以座立式電動攪拌機的效果更佳。

Matcha Chantilly Honey Cake

抹茶香堤蜂蜜蛋糕

蜂蜜蛋糕蘊含清香抹茶味，
擠上蜂蜜香堤鮮奶油、點綴食用花，
讓這道甜點綠意盎然。

材料

- 抹茶蜂蜜蛋糕麵糊

  Ⓐ 牛奶 60 克
  蜂蜜 60 克
  抹茶粉 3 克
  沙拉油 60 克
  蘭姆酒 5 克

  Ⓑ 中筋麵粉 90 克

  Ⓒ 蛋黃 6 個
  全蛋 1 個

  Ⓓ 蛋白 6 個
  細砂糖 50 克
  檸檬汁 5 克

- 蜂蜜香堤鮮奶油 1 份
  → P.027

- 裝飾

  Ⓐ 食用花適量
  薄荷葉 4 小株

＊ 底線：與基礎款麵糊之區別。

- 份量：2 個圓形模（直徑6 吋）
- 烤溫：上火180℃/下火160℃（單火170℃）
- 賞味期：冷藏4 天

作法

- 抹茶蜂蜜蛋糕麵糊

將材料A牛奶、蜂蜜放入小湯鍋，轉小火加熱至 50℃並拌勻。

抹茶粉加入作法 1，用打蛋器拌勻，加沙拉油、蘭姆酒繼續拌勻。

材料 B 過篩後加入作法 2，拌勻至無粉狀。

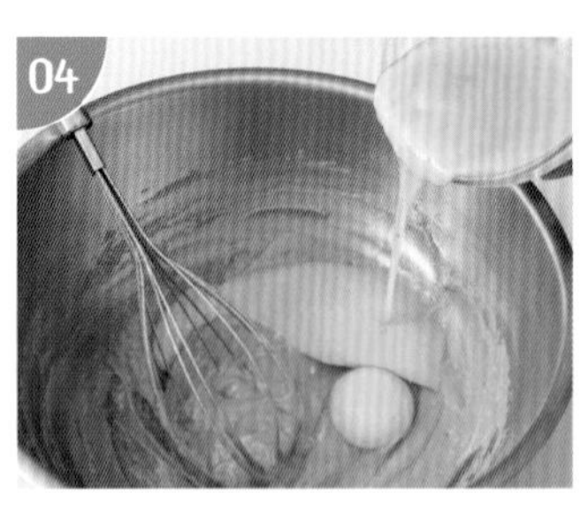

材料 C 加入作法 3，拌勻。

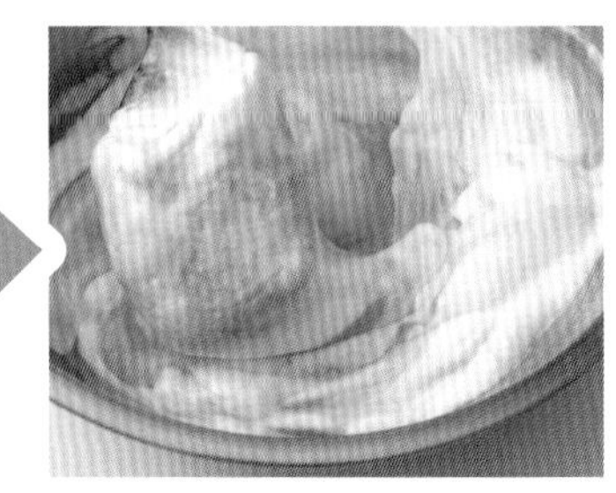

材料D打發至濕性偏硬性發泡（蛋白霜尖端呈鷹勾嘴狀），取一半蛋白霜放入作法4，用刮刀從底部往上稍翻拌。

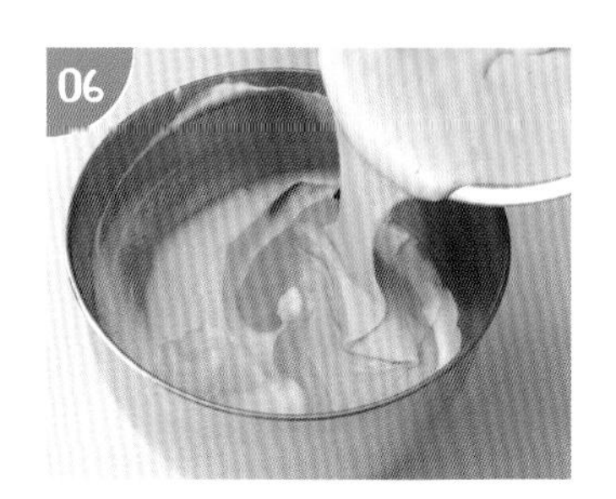

再倒入剩餘蛋白霜中，繼續由底部往上翻拌均勻。

• 烘烤

麵糊倒入鋪烘焙紙的模具，用刮刀抹平。

放入烤箱底層先烤20分鐘，烤盤調頭後烤25～30分鐘至熟，趁熱撕開烘焙紙，放涼。

• 裝飾

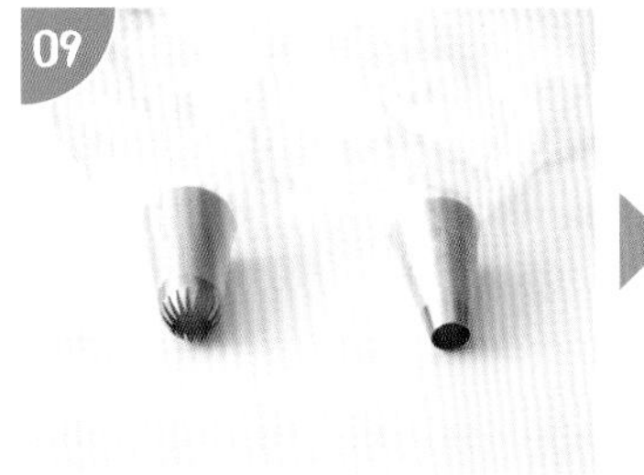

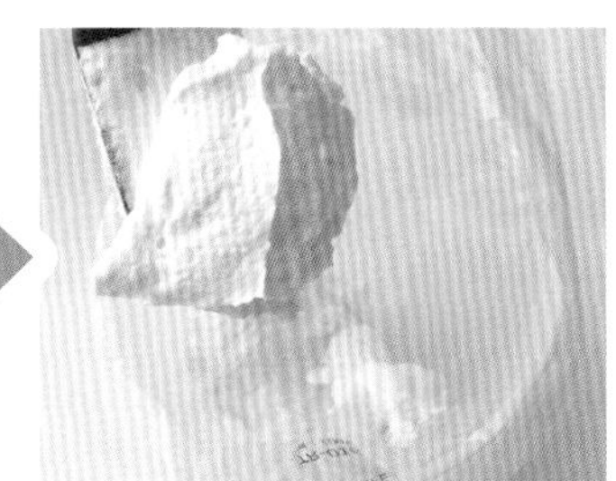

準備2個擠花嘴（直徑1cm平口、16齒菊花）與2個擠花袋，分別裝入擠花袋，各裝入一半蜂蜜香堤鮮奶油。

在蛋糕表面擠上蜂蜜香堤鮮奶油，裝飾食用花、薄荷葉即可。

小叮嚀

* 食用花買回來要趁新鮮在2天內用完，以免枯萎，種類可依個人喜好挑選。
* 海綿蛋糕、蜂蜜蛋糕烘烤時容易膨脹較高，建議放在烤箱底層，並且選擇下火溫度比上火低。
* 如果使用活動底模具，就不需要鋪烘焙紙。

Rock Yaki Honey Cake

岩燒蜂蜜蛋糕

變化2

原味蜂蜜蛋糕表面抹上蜂蜜起司醬，
經過烘烤呈金黃焦香，
濃濃起司與蜂蜜完全融合。

材料

- 原味蜂蜜蛋糕 1 個→ P.151
- 蜂蜜起司醬

Ⓐ 無鹽奶油 15 克
動物性鮮奶油 15 克
蜂蜜 5 克
奶油起司 15 克

- 份量：1 個
（長18× 寬15 × 高5cm）
- 烤溫：上火250℃/ 下火100℃
（單火170℃）
- 賞味期：冷藏4 天

作法

- 蜂蜜起司醬

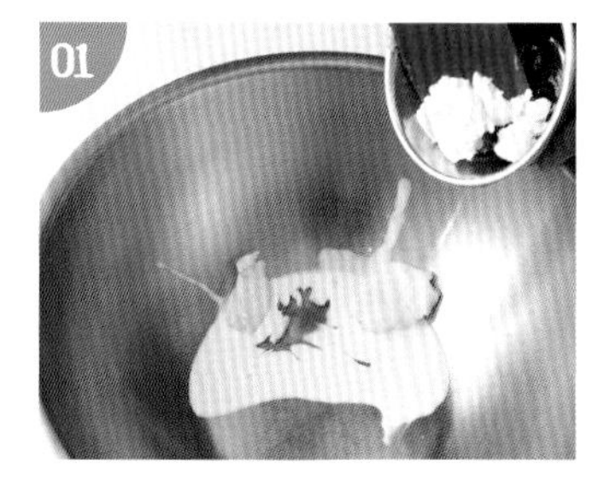

材料 A 放入鋼盆。

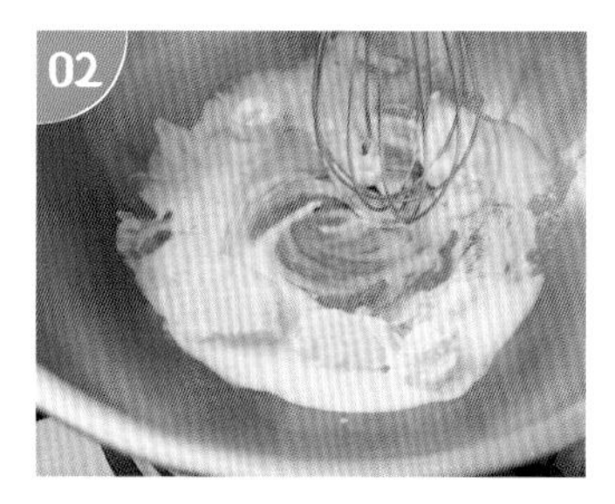

以小火隔水加熱，用打蛋器邊攪拌至融化呈糊狀。

- 組合烘烤

原味蜂蜜蛋糕 4 邊修齊，表面抹上蜂蜜起司醬。

放入烤箱中層，烘烤約 5 分鐘至表面呈金黃色，取出放涼即可。

小叮嚀

＊製作蜂蜜起司醬時，以隔水加熱方式融化即可，溫度勿過高，否則會油水分離。

Toffee Coffee Cream Honey Cake

太妃糖咖啡奶油蜂蜜蛋糕

咖啡奶油餡、太妃糖醬淋面及金箔裝飾，
讓這款蛋糕充滿貴族氣息。

材料

- 紅糖蜂蜜蛋糕麵糊
  - Ⓐ 牛奶 60 克
    - 蜂蜜 40 克
    - 紅糖 15 克
    - 黑糖蜜 5 克
    - 沙拉油 60 克
    - 蘭姆酒 5 克
  - Ⓑ 中筋麵粉 90 克
  - Ⓒ 蛋黃 6 個
    - 全蛋 1 個
  - Ⓓ 蛋白 6 個
    - 細砂糖 50 克
    - 檸檬汁 5 克

＊ 底線：與基礎款麵糊之區別。

- 咖啡奶油餡 1 份→ P.061
- 太妃糖醬淋面
  - Ⓐ 細砂糖 100 克
  - Ⓑ 動物性鮮奶油 130 克
    - 柳橙皮 1/4 個
    - 海鹽 1 克
  - Ⓒ 無鹽奶油（切小丁）35 克

- 裝飾
  - Ⓐ 藍莓 8 個
    - 食用花 8 瓣
    - 金箔 8 片
    - 巧克力渲彩片 8 小片→ P.032

- 份量：1 個方形模（長20× 寬20× 高5cm）
- 烤溫：上火180℃/ 下火160℃（單火170℃）
- 賞味期：冷藏4 天

作法

- 紅糖蜂蜜蛋糕麵糊

材料 A 牛奶、蜂蜜、紅糖和黑糖蜜放入小湯鍋，轉小火加熱至 50℃並拌勻。

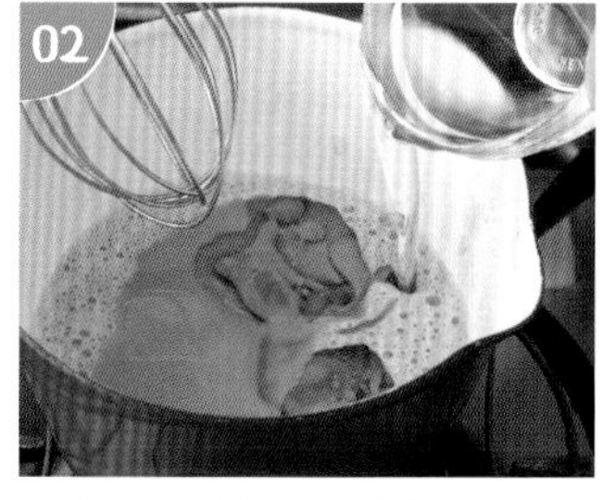

再加入沙拉油、蘭姆酒，繼續拌勻。

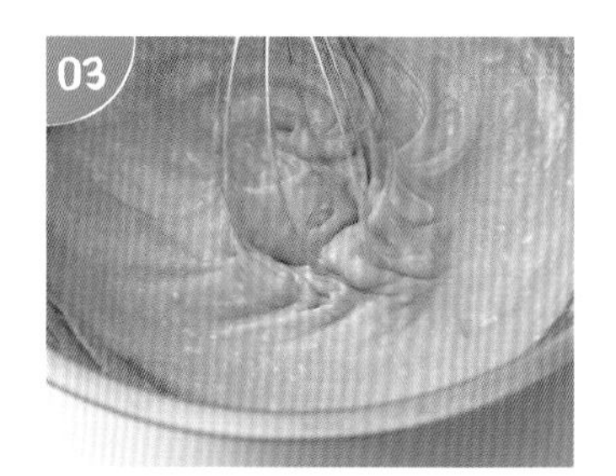

材料 B 過篩後加入作法 2，拌勻至濃稠無粉狀。

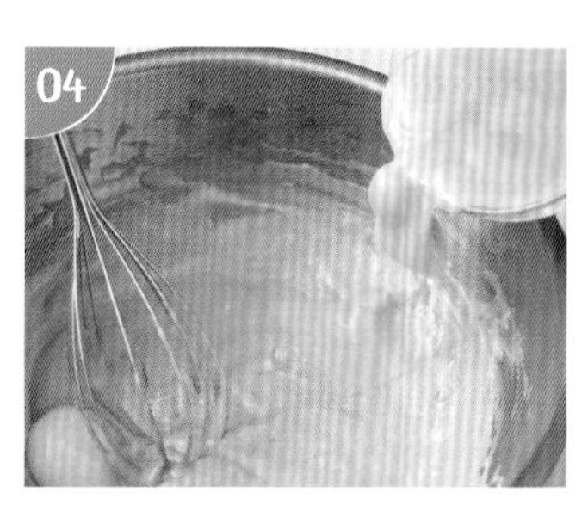

材料 C 加入作法 3，用打蛋器繼續拌勻。

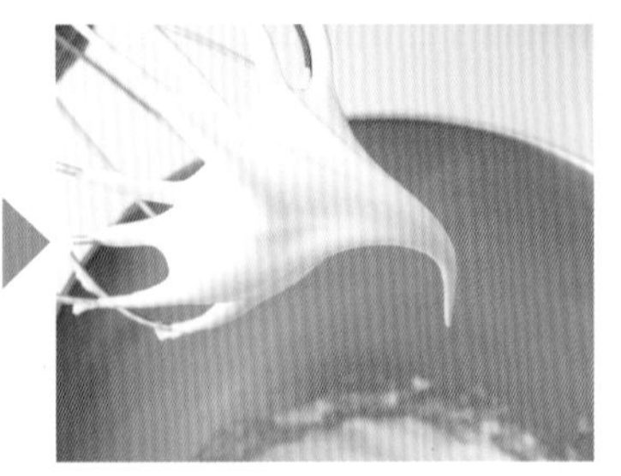

材料 D 蛋白用中速稍微打起泡，加入細砂糖、檸檬汁，打發至蛋白霜尖端呈鷹勾嘴狀。

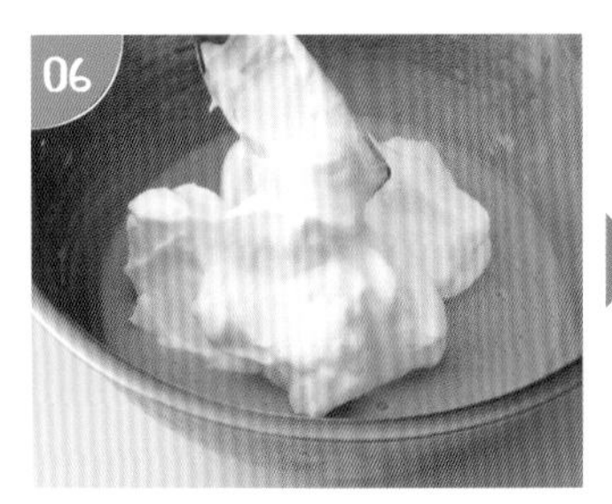

先取一半蛋白霜放入作法 4，用矽膠刮刀從底部往上稍微翻拌，再倒入剩餘蛋白霜中。

繼續由底部往上翻拌均勻。

• 烘烤

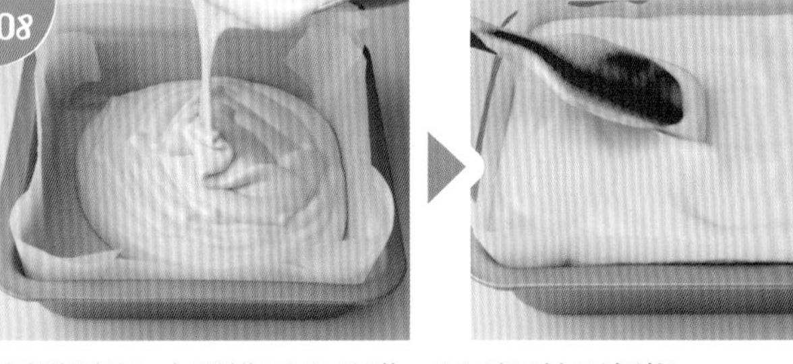

將麵糊倒入方形模至 8 分滿，用刮刀抹平麵糊。

放入烤箱底層先烤20分鐘，烤盤調頭後烤25～30分鐘至熟，趁熱撕開烘焙紙，放涼。

• 太妃糖醬淋面

材料 A 細砂糖轉小火煮至琥珀色（中途可輕輕晃動勿攪拌）。

材料 B 以小火煮至 70℃，放置一旁降溫至 50℃。

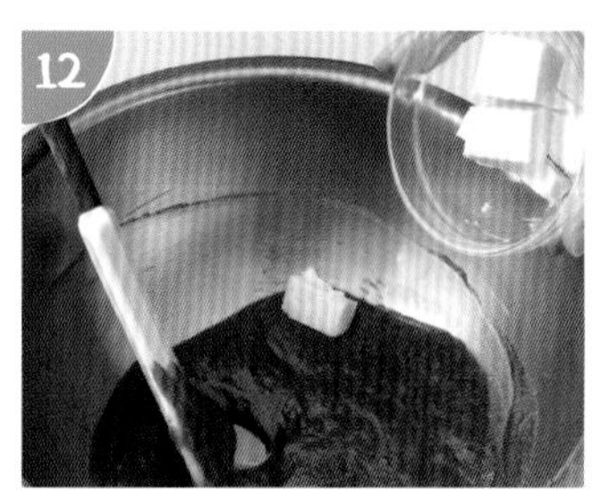

無鹽奶油放入作法 11，拌勻至奶油融化，備用。

小叮嚀

* 抹上咖啡奶油餡、淋上太妃糖醬後，皆需要放入冰箱冷凍讓它們凝固，除了方便後續的操作且凝固後的口感更佳。
* 紅糖可以換成黑糖，皆屬於初榨糖，只是顏色不同，含礦物質豐富、糖分最少。

• 組合裝飾

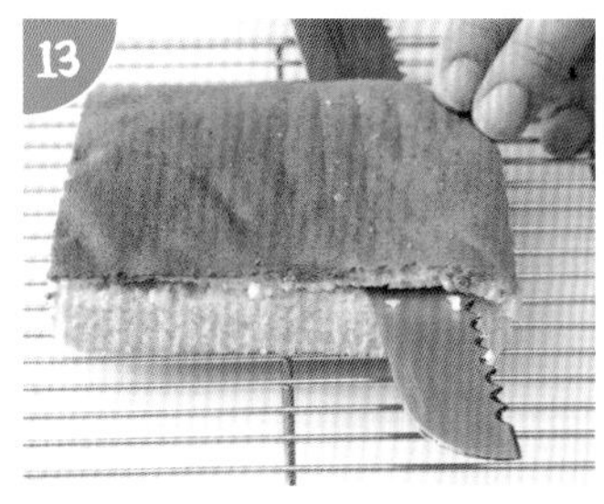

去除蛋糕表皮並 4 邊修齊，再從中間切半成 2 片。

抹上咖啡奶油餡後蓋上另 1 片蛋糕，再抹上 1 層咖啡奶油餡，放入冰箱冷凍 5 分鐘凝固。

表面淋上太妃糖醬，抹平後冷凍 10 分鐘凝固。

切成 8 長條，裝飾藍莓、食用花、金箔及巧克力渲彩片。

Honey Cake Toast

法式蜂蜜蛋糕吐司

變化4

沾裹法式奶油蛋液的蛋糕經過烘烤上色，
淋上楓糖糖、搭配冰淇淋，
堆疊出完美多層次口感。

材料

- 紅糖蜂蜜蛋糕 1 個→ P.160
- 法式奶油蛋液
  - Ⓐ 全蛋 72 克
    細砂糖 100 克
  - Ⓑ 動物性鮮奶油 100 克
    牛奶 100 克
  - Ⓒ 蜂蜜 10 克
- 裝飾
  - Ⓐ 冰淇淋 4 球
  - Ⓑ 薄荷葉 4 小株
    食用花適量
  - Ⓒ 楓糖漿 60 克
  - Ⓓ 無花果 16 瓣
    藍莓（切半）8 個
    草莓（切半）4 個
    巧克力彎片 8 段→ P.031

- 份量：8 塊
  （長 8×寬2×高 5 cm）
- 烤溫：上火230℃ / 下火120℃
  （單火170℃）
- 賞味期：冷藏4 天

作法

• 紅糖蜂蜜蛋糕

蛋糕 4 邊修齊，再切成 8 個長方形。

• 法式奶油蛋液

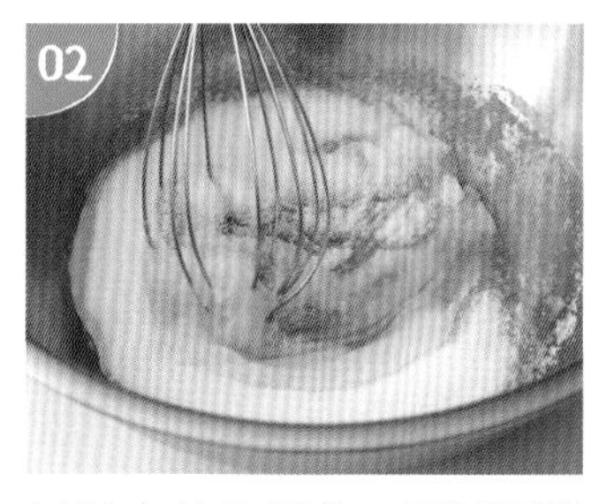

材料 A 放入鋼盆，用打蛋器拌勻。

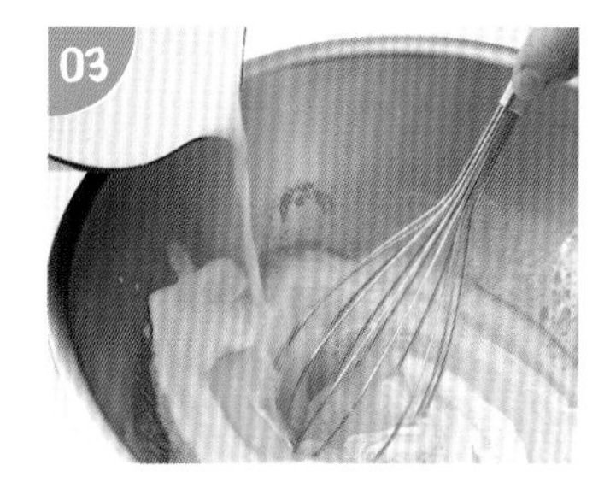

材料 B 轉小火煮至 50℃，加入作法 2 拌勻。

材料 C 加入作法 3，拌勻後過濾更細緻。

• 烘烤

蛋糕泡入法式奶油蛋液，每 1 面都沾到。

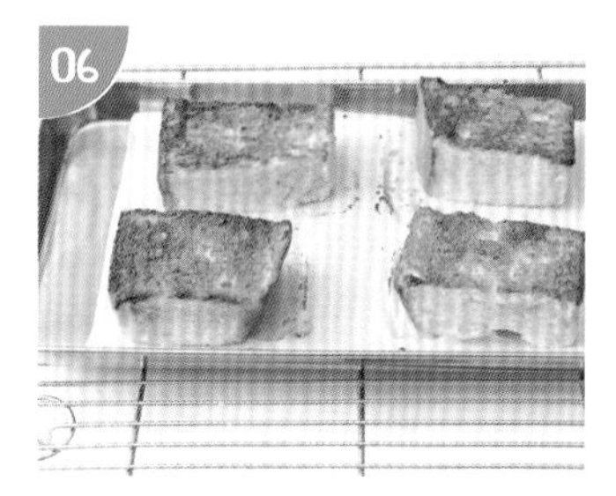

排入鋪烘焙紙的烤盤，烘烤 10～15 分鐘呈金黃，取出。

• 組合裝飾

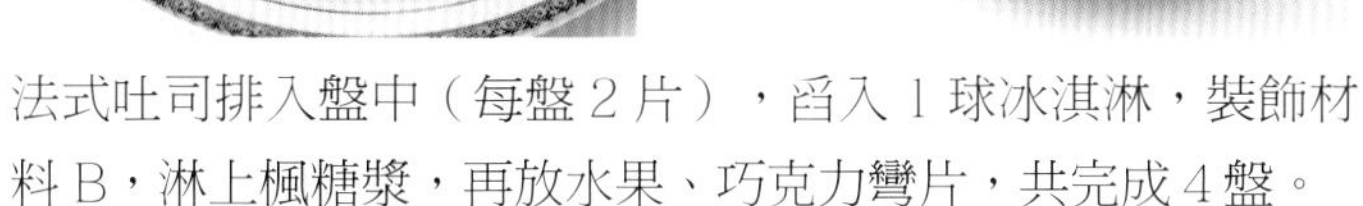

法式吐司排入盤中（每盤 2 片），舀入 1 球冰淇淋，裝飾材料 B，淋上楓糖漿，再放水果、巧克力彎片，共完成 4 盤。

小叮嚀

＊冰淇淋食用時再舀入，以免太快融化。

鬆餅

格子鬆餅起源於比利時，後來傳到歐洲其他國家如法國、荷蘭等，17世紀時再傳至北美，發展至今各國有不同配方。鬆餅是下午茶的最佳糕點之一，就外型來看大致分成以鬆餅機壓製而成的格子鬆餅（Waffle）、平底鍋煎製而成的美式鬆餅（Pancake）。

Point

格子鬆餅麵糊冷藏
糕體外酥內軟

拌好的原味格子鬆餅麵糊冷藏鬆弛 20 分鐘，讓材料有時間充分融合乳化，可達到更好的膨脹效果，並且形成糕體外酥脆、內鬆軟。

Point

先抹油預熱
均勻上色不沾黏

鬆餅機、平底鍋先抹油並預熱，如此舀入麵糊，能避免烤好後黏於格子模與平底鍋，並且能烘烤及煎出完整的鬆餅。

Point

小火加溫
避免油水分離

麵糊材料牛奶、無鹽奶油分別以小火加溫至 50℃，比較容易與麵糊拌勻，並達到乳化的效果，避免油水分離狀態。

Original Waffle

原味格子鬆餅

基礎款

酥脆鬆軟的格子鬆餅是下午茶寵點，
插電後數分鐘快速完成暖呼呼的早晨鬆餅，
真的太幸福了。

材料

- 原味格子鬆餅麵糊

  Ⓐ 全蛋 4 個

  細砂糖 60 克

  Ⓑ 低筋麵粉 330 克

  泡打粉 20 克

  Ⓒ 牛奶 270 克

  Ⓓ 無鹽奶油 100 克

• 份量：8 個（格子模）
• 烤溫：插電加熱
• 賞味期：室溫3 天/ 冷藏7 天

作法

- 原味格子鬆餅麵糊

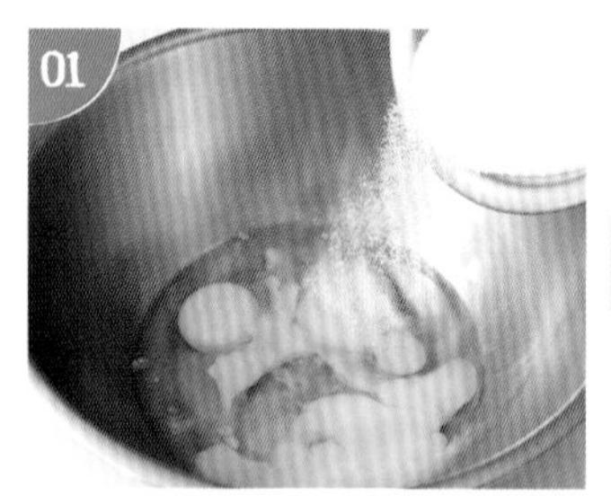

材料 A 放入鋼盆，用打蛋器稍微打發至變淡黃色

材料 B 過篩後分次加入作法 1，用打蛋器拌勻。

材料 C 轉小火煮至 50℃。

再加入作法 2，用打蛋器拌匀至牛奶和麵團完全吸收。

材料 D 以小火煮至融化。

再加入作法 4，用打蛋器拌匀成麵糊，冷藏鬆弛 20 分鐘。

• 插電加熱

鬆餅機預熱完成，烤模刷上少許融化奶油液（額外）。

舀入麵糊至格子模 8 分滿，蓋上鬆餅機蓋。

烤約 4 分鐘上色且熟，取出後放涼。

小叮嚀

* 牛奶煮至 50℃，較容易與麵糊拌匀。
* 鬆餅機必須先預熱，並且抹油後才舀入麵糊，能避免烤好後黏於格子模。
* 拌好的麵糊冷藏鬆弛 20 分鐘，讓材料有時間充分融合乳化，可達到更好的膨脹效果。

Raspberry Yogurt Mousse Waffle

覆盆子優格慕斯鬆餅

讓女孩們尖叫連連的甜點，
原味格子鬆餅夾著覆盆子優格慕斯，
酸甜如初戀般夢幻。

材料

- 原味格子鬆餅 2 個→ P.167
- 覆盆子優格慕斯
  Ⓐ 細砂糖 85 克
  蛋黃 30 克
  Ⓑ 牛奶 85 克
  Ⓒ 吉利丁片 2 片
  Ⓓ 覆盆子果泥 125 克
  優格 125 克
  檸檬汁 3 克
  Ⓔ 動物性鮮奶油 250 克
- 裝飾
  Ⓐ 糖粉 30 克
  Ⓑ 藍莓（切半）24 個
  草莓（切半）16 個
  薄荷葉 24 小株

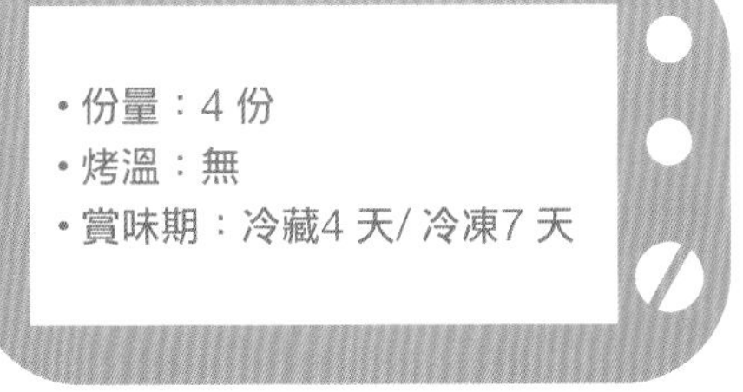

- 份量：4 份
- 烤溫：無
- 賞味期：冷藏4 天/ 冷凍7 天

作法

- 覆盆子優格慕斯

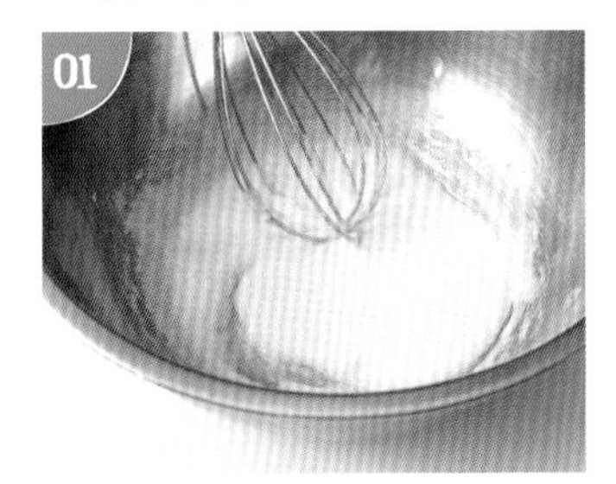

材料 A 放入鋼盆，稍微打發至變淡黃色。

材料 B 轉小火煮至 50℃，再沖入作法 1，拌勻，放回瓦斯爐，小火煮至 85℃殺菌。

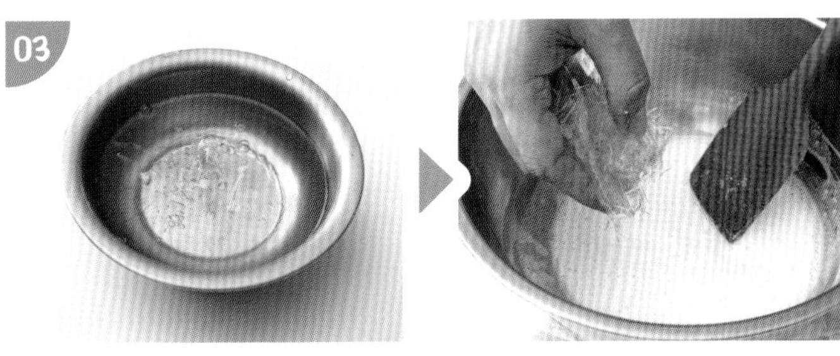

材料 C 泡冰水變軟，擠乾後加入作法 2，用矽膠刮刀拌勻。

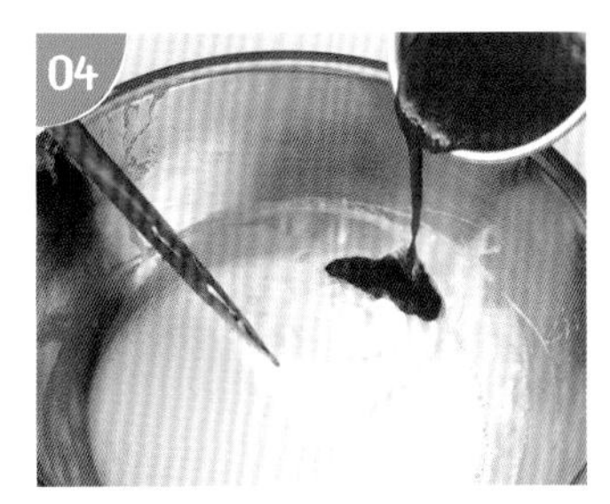

材料 D 加入作法 3，繼續用刮刀拌勻。

材料 E 打發呈明顯紋路（7 分發），加入作法 4，用矽膠刮刀拌勻。

• 組合裝飾

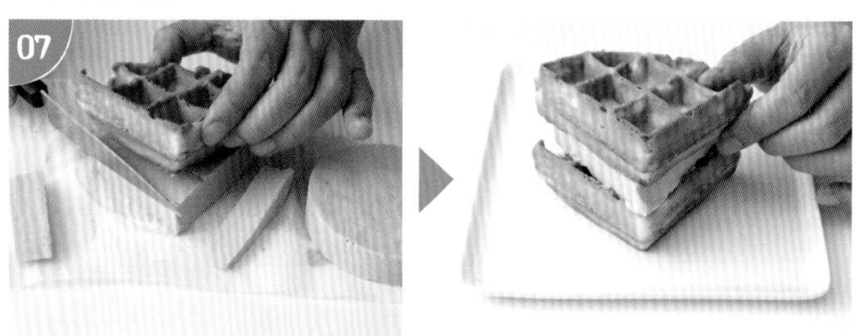

再倒入 3.5 吋慕斯圈（底部墊平盤），抹平後冷凍 1 小時凝固。

每個格子鬆餅切十字刀痕成 4 個扇形，慕斯脫模後切 4 塊扇形，在 2 個鬆餅之間夾入 1 塊慕斯。

表面篩上材料 A 糖粉，裝飾材料 B 即可。

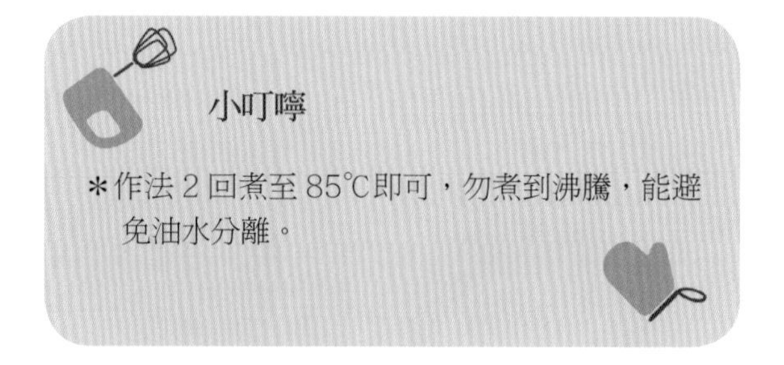

小叮嚀

＊作法 2 回煮至 85℃即可，勿煮到沸騰，能避免油水分離。

Wild Berry Souffle Waffle Cake

野莓舒芙蕾鬆餅蛋糕

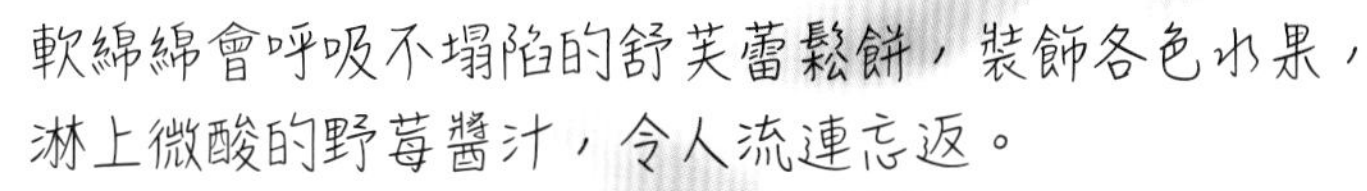

軟綿綿會呼吸不塌陷的舒芙蕾鬆餅，裝飾各色水果，
淋上微酸的野莓醬汁，令人流連忘返。

材料

- 舒芙蕾鬆餅麵糊
  - Ⓐ 牛奶 45 克
    沙拉油 45 克
    香草豆莢 1/4 支
  - Ⓑ 低筋麵粉 120 克
    泡打粉 6 克
  - Ⓒ 蛋黃 6 個
  - Ⓓ 蛋白 6 個
    細砂糖 90 克
- 野莓醬汁
  - Ⓐ 草莓果泥 60 克
    覆盆莓果泥 60 克
    細砂糖 60 克
  - Ⓑ 杏桃果膠 60 克
- 香堤鮮奶油 1 份→ P.027
- 裝飾
  - Ⓐ 草莓 20 個
  - Ⓑ 草莓（切小塊）5 個
    藍莓（切半）12 個
    銀箔 4 片
    巧克力渲彩片 4 圓片→ P.032
  - Ⓒ 糖粉 20 克

- 份量：4 份
- 火候：小火
- 賞味期：冷藏4 天

作法

- 舒芙蕾鬆餅麵糊

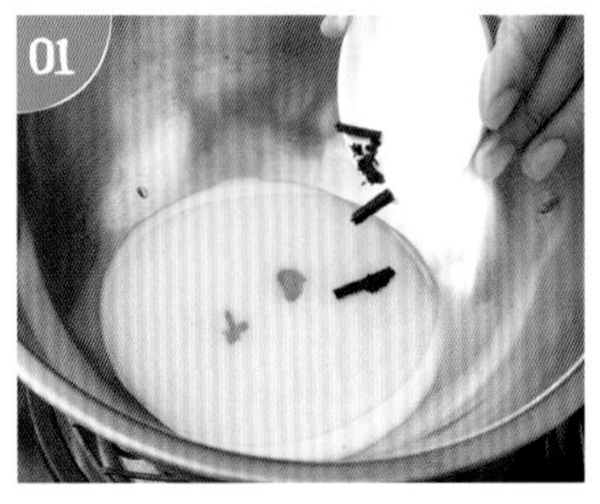

材料 A 轉小火煮至 50℃，加過篩的材料 B，用打蛋器拌勻至無粉狀。

材料 C 加入作法 1，繼續用打蛋器拌勻。

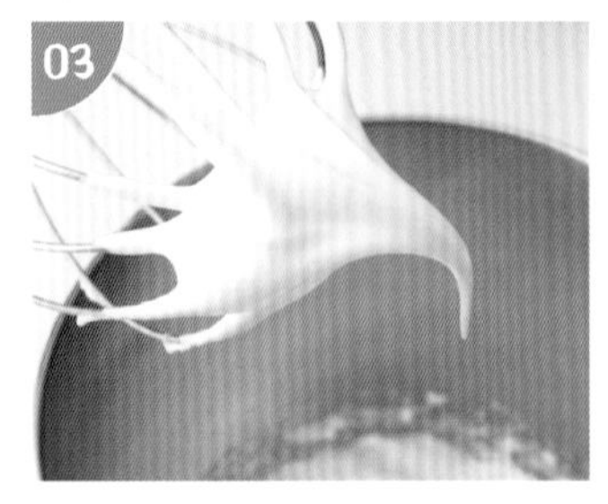

材料 D 打發至濕性偏硬性發泡（蛋白霜尖端呈鷹勾嘴狀）。

先取一半蛋白霜放入作法 2，稍微翻拌，再和剩餘蛋白霜混合，由底部往上拌勻。

• 煎熟

慕斯圈內側塗上少許軟化的無鹽奶油（額外）。

平底鍋內塗少許沙拉油（額外），轉小火加熱，放入 3.5 吋慕斯圈，用湯勺舀入麵糊。

蓋上鍋蓋，燜 5 ～ 10 分鐘待上色，翻面再煎 5 ～ 10 分鐘上色，拿掉慕斯圈後煎至側邊也熟，盛盤，續煎剩餘麵糊，煎出 8 片，2 片 1 組備用。

• 野莓醬汁

材料 A 轉小火煮至 70℃，加材料 B，用刮刀拌勻。

• 組合裝飾

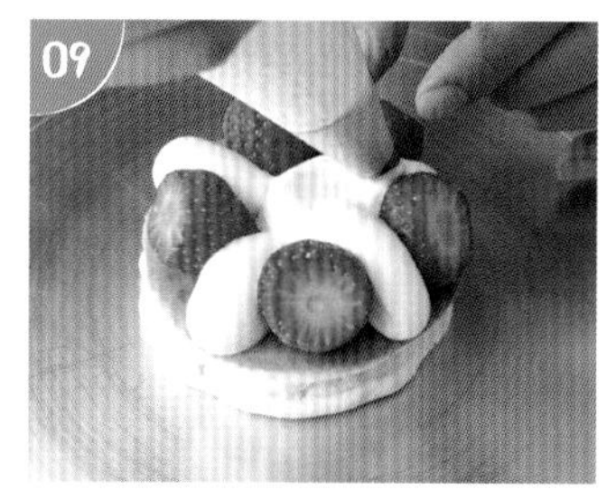

取 1 片放涼的鬆餅，鋪材料 A 草莓 5 個，擠上香堤鮮奶油，蓋上另 1 片鬆餅，再擠上香堤鮮奶油。

放上裝飾材料 B 後，篩上材料 C 糖粉，淋上野莓醬汁，依序完成另外 3 份鬆餅。

小叮嚀

* 比重輕的蛋白霜分次加入比重較重的麵糊，讓彼此比重一致，較容易拌勻。
* 舒芙蕾麵糊是蛋黃、蛋白霜混合方式，口感比格子鬆餅更鬆軟。

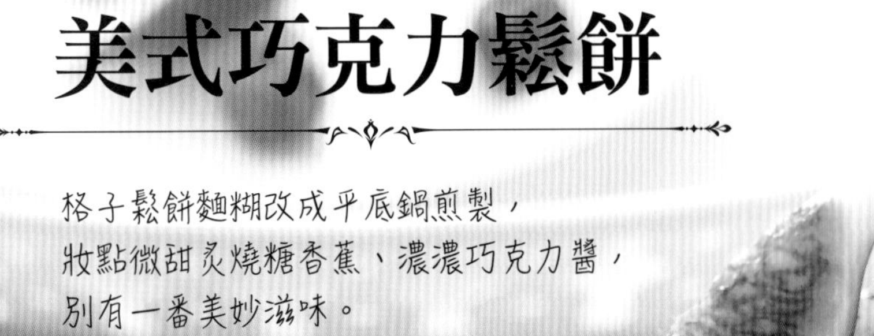

American Style Chocolate Pancake

美式巧克力鬆餅

格子鬆餅麵糊改成平底鍋煎製，
妝點微甜炙燒糖香蕉、濃濃巧克力醬，
別有一番美妙滋味。

材料

- 巧克力鬆餅麵糊
  - Ⓐ 原味格子鬆餅麵糊 1 份→ P.167
  - Ⓑ 無糖可可粉 40 克
- 巧克力醬
  - Ⓐ 苦甜巧克力（調溫）100 克
  - Ⓑ 動物性鮮奶油 100 克
- 炙燒糖香蕉 12 片→ P.030
- 裝飾
  - Ⓐ 無花果 4 瓣
    藍莓（切半）4 個

- 份量：16 片（直徑3.5 吋）
- 火候：小火
- 賞味期：室溫1 天/ 冷藏4 天

作法

• 巧克力鬆餅麵糊

材料 B、材料 A 拌勻。

• 煎熟

平底鍋內塗少許沙拉油（額外），以小火加熱，湯勺舀麵糊入鍋。

蓋上鍋蓋，燜3～5分鐘上色且麵糊有小泡泡。

將鬆餅翻面，再煎3～5分鐘上色且熟。

• 巧克力醬

材料 A 以小火隔水加熱融化，材料 B 轉小火加熱至 70℃，材料 A、B 混合拌勻。

• 組合裝飾

取 4 片鬆餅疊高，裝飾炙燒糖香蕉、材料 A，淋上巧克力醬，可完成 2 盤。

小叮嚀

* 可用湯勺或冰淇淋勺舀麵糊，可依喜好決定鬆餅尺寸。

烏比派

烏比派是美國 1 款烘焙產品，早期的烏比派口味以當地南瓜、薑餅居多，通常是由 2 片巧克力圓形蛋糕製成，幾年變化下來，它們之間夾有棉花糖，也陸續出現奶油糖霜或彩紅糖等內餡，可視為餅乾、派、三明治或蛋糕，吃起來的口感兼具牛力的軟、馬卡龍的脆。

Point

蛋白霜 1 次加入
鬆軟帶脆

烏比派質地特別鬆軟有些脆度，不需要像蜂蜜蛋糕、海綿蛋糕般蓬鬆，所以蛋白霜可 1 次全部加入。

Point

麵糊擠入烤盤
保持距離

烏比派麵糊擠入烤盤力道、尺寸一致（麵糊直徑約 3cm），並且每個麵糊之間保持 1/2 ～ 1 個距離，烘烤後膨脹才不會黏在一起。

Point

烏比派完全放涼
夾奶油餡

烤好的烏比派蛋糕一定要完全放涼，才能夾入奶油餡或棉花糖，以免蛋糕餘溫快速融化這些材料。

Chocolate Whoopie

巧克力烏比派

烏黑到發亮的巧克力圓片蛋糕，夾著Q軟棉花糖，
是烏比派的經典款，鬆軟綿細、入口即化。

材料

- 巧克力烏比派麵糊
  - Ⓐ 蛋白 3 個
    細砂糖 75 克
  - Ⓑ 杏仁粉 60 克
    低筋麵粉 8 克
    糖粉 40 克
  - Ⓒ 無糖可可粉 18 克
  - Ⓓ 糖粉（篩表面）50 克
- 夾心
  - Ⓐ 棉花糖 10 個

- 份量：20 片圓形蛋糕（組合10 個）
- 烤溫：上火190℃/ 下火190℃
  （單火190℃）
- 賞味期：室溫5 天/ 冷藏10 天

作法

- 巧克力烏比派麵糊

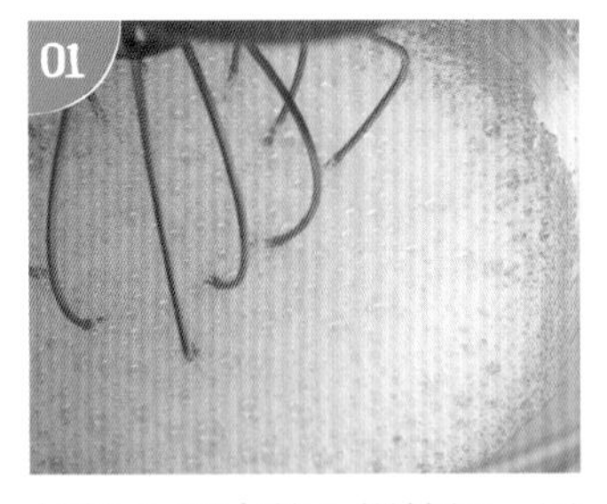

材料 A 蛋白放入攪拌缸，用中速稍微打起泡。

分 2 次加細砂糖，打發至濕性偏硬性發泡（蛋白霜尖端呈鷹勾嘴狀）。

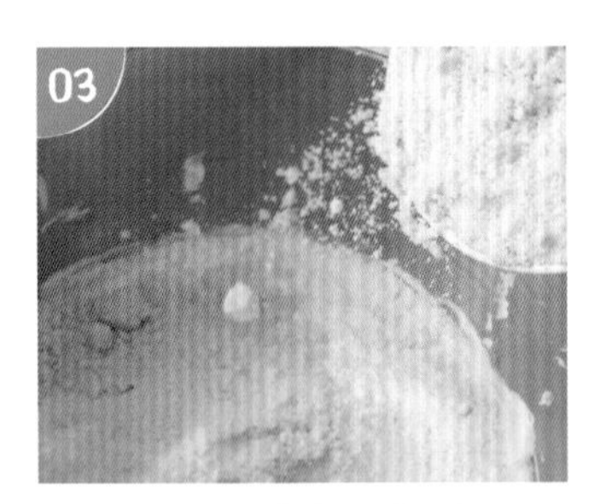

材料 B 過篩後加入作法 2。

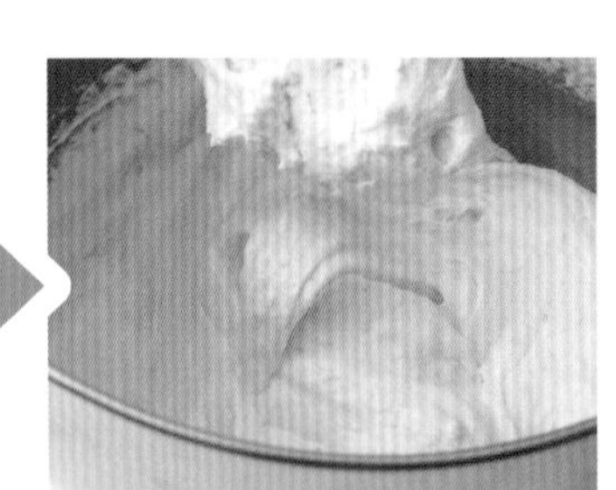

用矽膠刮刀從底部往上稍微翻拌。

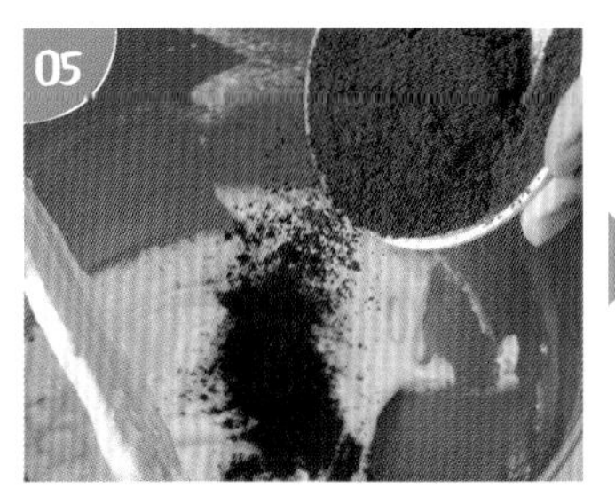

接著加材料 C，繼續由底部往上翻拌均勻。

再裝入套平口花嘴的擠花袋。

• 烘烤組合

將可可麵糊間隔擠入烤盤（麵糊直徑約 3cm），表面均勻篩上 1 層糖粉。

放入烤箱中層，烘烤 10 ～ 12 分鐘至熟，取出後放涼。

• 組合

將 10 片圓形蛋糕平面朝上，放上 1 個棉花糖。

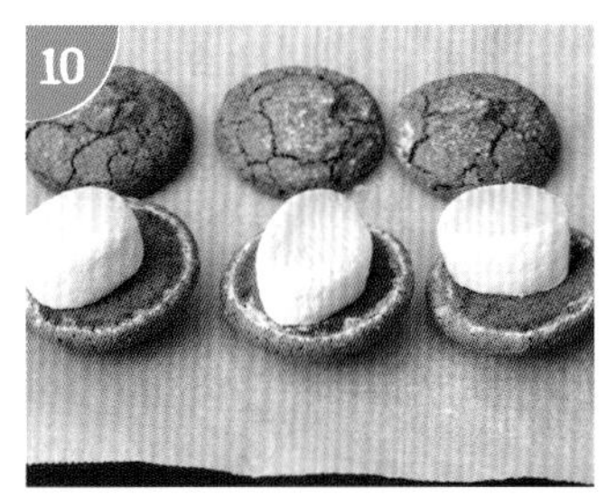

以同樣溫度烤約 5 分鐘至棉花糖呈金黃色，趁熱蓋上另外 1 片圓形蛋糕。

小叮嚀

*放上棉花糖烤約 5 分鐘後，務必趁熱將另外 1 片圓形蛋糕蓋上，若等涼了再蓋就無法黏著。可戴上乾淨的棉質手套操作，能避免燙傷。

Red Yeast Fig Whoopie

紅麴無花果烏比派

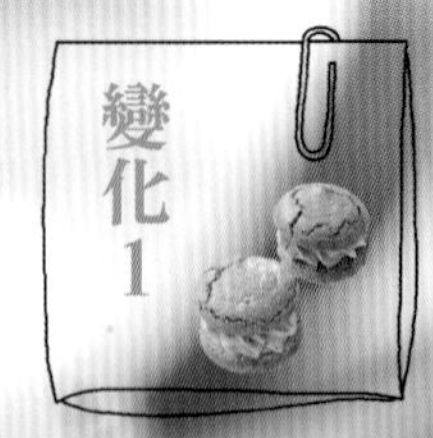

粉粉顏色蛋糕皮，中心夾層濃郁無花果醬奶油餡，
吃一口就令人開心的喊一聲「烏比」。

材料

• 紅麴烏比派麵糊

Ⓐ 蛋白 3 個
細砂糖 75 克

Ⓑ 杏仁粉 60 克
低筋麵粉 8 克
糖粉 40 克

Ⓒ <u>紅麴粉 10 克</u>

Ⓓ 糖粉（灑表面）50 克

• 無花果醬奶油餡

Ⓐ 蛋黃 2 個

Ⓑ 水 25 克
細砂糖 75 克

Ⓒ 無鹽奶油 155 克

Ⓓ 無花果醬 30 克
櫻桃白蘭地 10 克

• 份量：20 片圓形蛋糕（組合10 個）
• 烤溫：上火190℃ / 下火190℃（單火190℃）
• 賞味期：冷藏5 天

＊ 底線：與基礎款麵糊之區別。

作法

• 紅麴烏比派麵糊

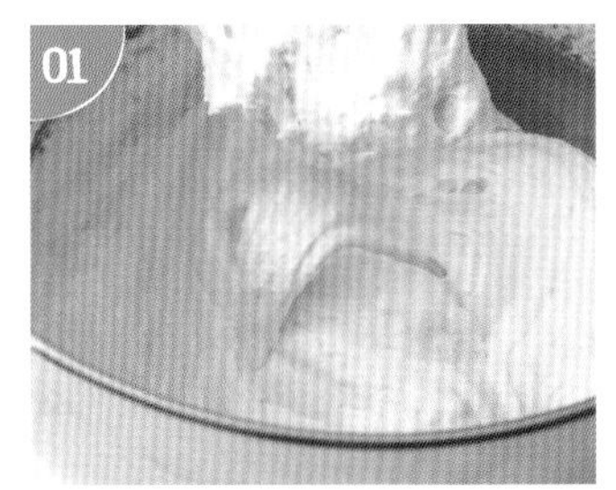

01 材料 A ～ B 拌勻，見 P.179 基礎款「巧克力烏比派」作法 1 ～ 4。

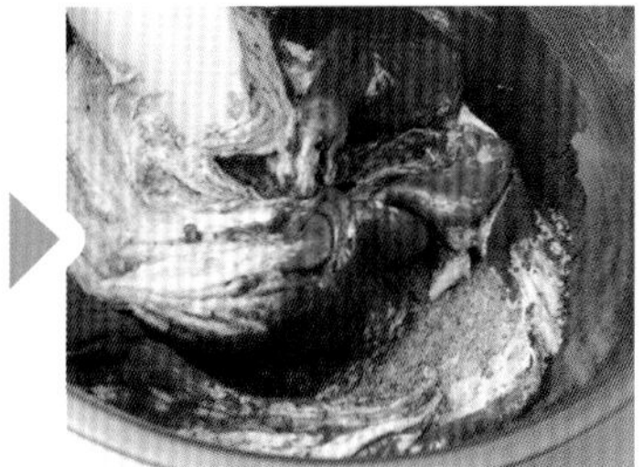

02 再加材料 C，繼續由底部往上翻拌均勻。

03 再裝入套平口花嘴的擠花袋。

• 烘烤

04 將紅麴麵糊間隔擠入烤盤（麵糊直徑約 3cm），表面均勻篩上 1 層糖粉。

05

放入烤箱中層，烘烤10～12分鐘至熟，取出後放涼。

・無花果醬奶油餡

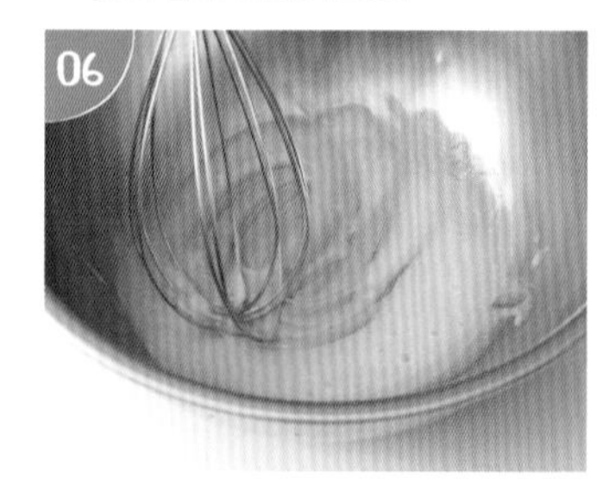

06

材料A用打蛋器稍微打發至起泡。

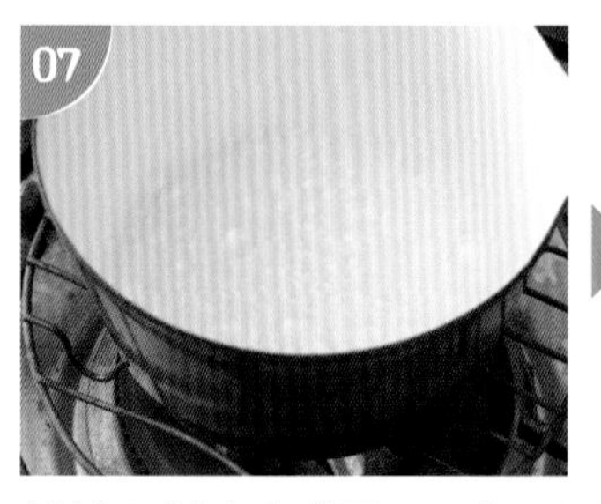

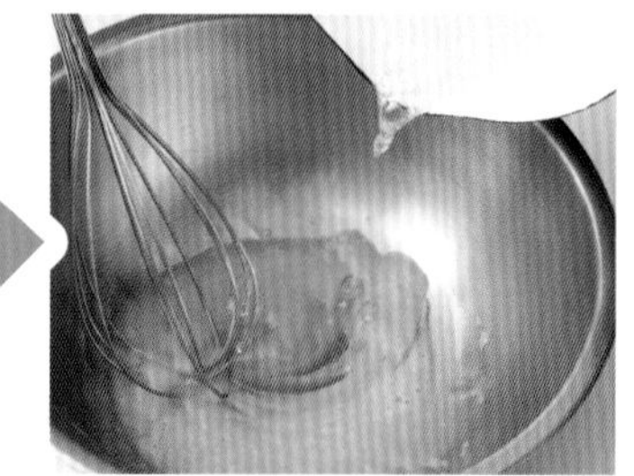

07

材料B轉小火煮至117℃，再沖入作法6，打發至乳白色濃稠狀，加回軟的材料C，拌勻。

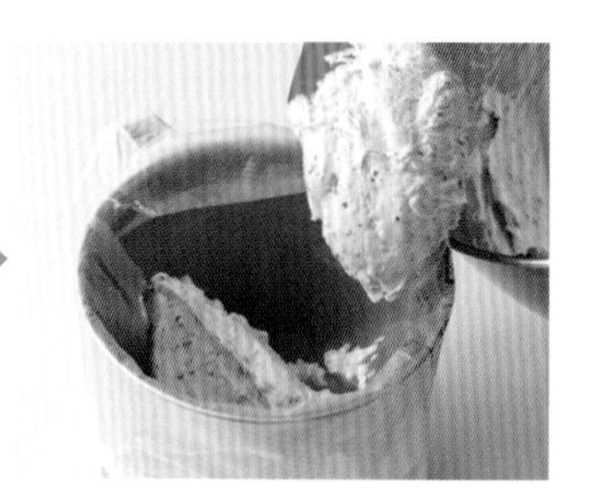

08

材料D加入作法7，繼續拌勻，再裝入套8齒菊花花嘴的擠花袋。

・組合

09

將10片圓形蛋糕平面朝上，擠上無花果醬奶油餡。

10

再蓋上另外1片圓形蛋糕即可食用。

小叮嚀

*無花果醬奶油餡的材料B煮到117℃即可，若超過此溫度則沖入蛋黃時糖易結晶。

Purple Sweet Potato Whoopie

紫薯烏比派

變化2

細膩多層次香草檸檬奶油餡夾於紫色圓片蛋糕，
味蕾瞬間跳動起來。

材料

- 紫薯烏比派麵糊
  - Ⓐ 蛋白 3 個
    細砂糖 75 克
  - Ⓑ 杏仁粉 60 克
    低筋麵粉 8 克
    糖粉 40 克
  - Ⓒ <u>紫薯粉 10 克</u>
  - Ⓓ 糖粉（篩表面）50 克

- 香草檸檬奶油餡
  - Ⓐ 蛋黃 2 個
  - Ⓑ 水 25 克
    細砂糖 75 克
  - Ⓒ 無鹽奶油 155 克
  - Ⓓ 檸檬皮屑＋汁 20 克
    香草籽醬 5 克
    君度橙酒 10 克

- 份 量：20 片圓形蛋糕
  （組合10 個）
- 烤 溫：上火190℃ / 下火190℃
  （ 單火190℃ ）
- 賞味期：冷藏5 天

＊ 底線：與基礎款麵糊之區別。

作法

- 紫薯烏比派麵糊

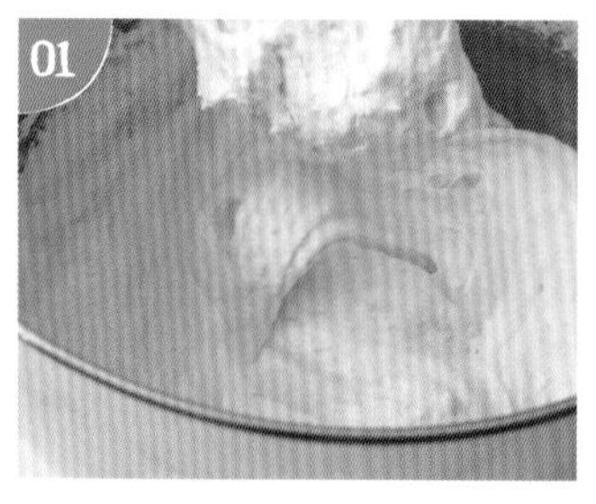

01 將材料A～B拌勻，見P.179 基礎款「巧克力烏比派」作法 1 ～ 4。

02 接著加材料C，繼續由底部往上翻拌均勻。

03 再裝入套平口花嘴的擠花袋。

- 烘烤

04 將紫薯麵糊間隔擠入烤盤（麵糊直徑約 3cm），表面均勻篩上 1 層糖粉。

05

放入烤箱中層，烤烘 10 ～ 12 分鐘至熟，取出後放涼。

• 香草檸檬奶油餡

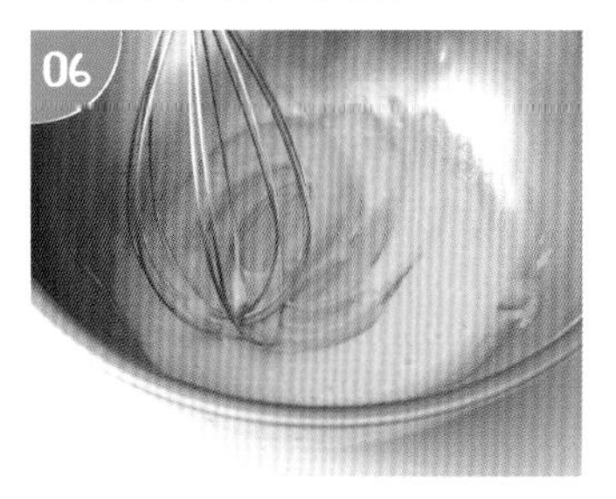

06

材料 A 用打蛋器稍微打發至起泡。

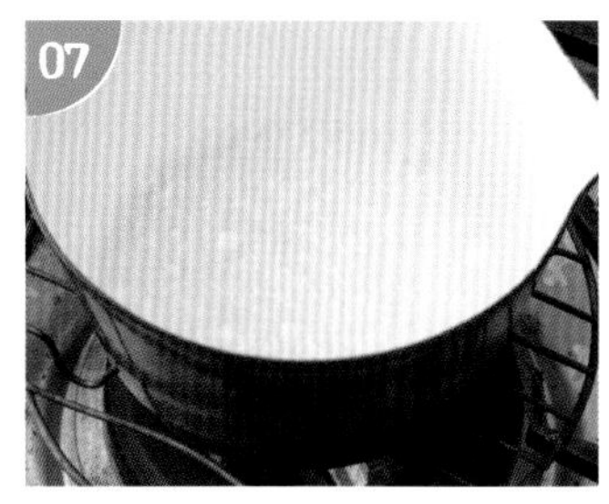

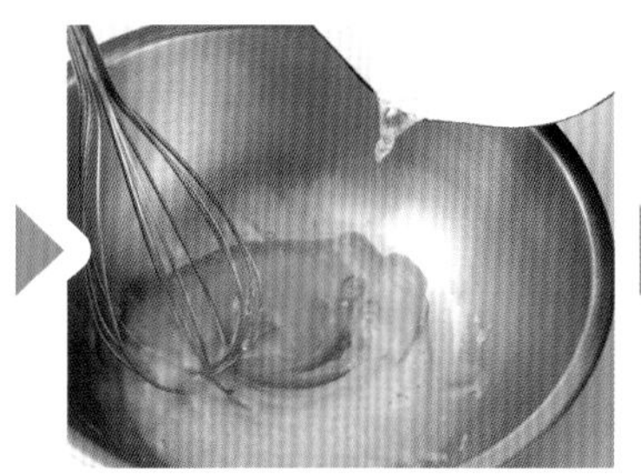

07

材料 B 以小火煮至 117℃，再沖入作法 6，打發至乳白色濃稠狀，加回軟的材料 C，拌勻。

08

材料 D 加入作法 7，繼續拌勻，再裝入套 8 齒菊花花嘴的擠花袋。

• 組合

09

將 10 片圓形蛋糕平面朝上，擠上香草檸檬奶油餡。

10

再蓋上另外 1 片圓形蛋糕即可食用。

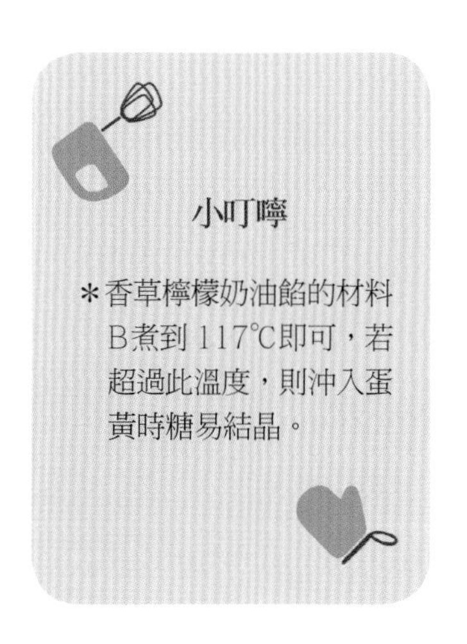

小叮嚀

* 香草檸檬奶油餡的材料 B 煮到 117℃即可，若超過此溫度，則沖入蛋黃時糖易結晶。

Orange Cheese Cotton Candy Whoopie

香橙起司棉花糖烏比派

圓片蛋糕夾著香橙起司餡與彩色不黏牙的棉花糖，
同時嘗到酸甜滋味。

材料

- 巧克力烏比派蛋糕 20 片→ P.179
- 香橙起司餡
  Ⓐ 奶油起司 150 克
  細砂糖 75 克
  柳橙皮屑＋汁 1/2 個
  君度橙酒 10 克
- 夾心
  Ⓐ 彩色小棉花糖 35 克

・份 量：20 片圓形蛋糕
（組合10 個）
・烤 溫：無
・賞味期：冷藏5 天

作法

・香橙起司餡

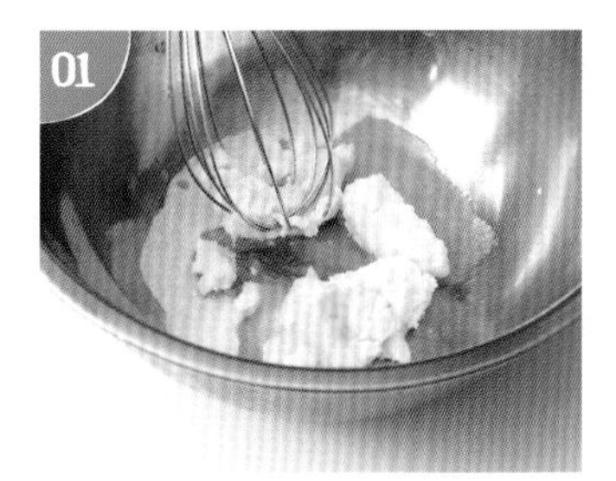

01 材料 A 放入鋼盆，用打蛋器拌勻。

02 再裝入套 8 齒菊花花嘴的擠花袋。

・組合

03 將 10 片圓形蛋糕平面朝上，擠上適量香橙起司餡。

04 周圍放上彩色小棉花糖，再蓋上另外 1 片圓形蛋糕即可。

小叮嚀

＊香橙起司餡的柳橙皮可換成檸檬皮，君度橙酒可換蘭姆酒或柑橘酒。

新手零失敗
一次學會人氣常溫蛋糕
基礎&裝飾變化

作　　者　郭士弘
攝　　影　蕭維剛
特約主編　葉菁燕
校　　對　葉菁燕、黃子瑜
　　　　　郭士弘
封面設計　陳玟諭
美術設計　陳玟諭、劉錦堂

發 行 人　程安琪
總 策 劃　程顯灝
總 編 輯　呂增娣
資深編輯　吳雅芳
編　　輯　藍匀廷、黃子瑜
　　　　　蔡玟俞
美術主編　劉錦堂
美術編輯　陳玟諭、林榆婷
行銷總監　呂增慧
資深行銷　吳孟蓉
行銷企劃　鄧愉霖

發 行 部　侯莉莉
財 務 部　許麗娟、陳美齡
印　　務　許丁財
出 版 者　橘子文化事業有限公司

總 代 理　三友圖書有限公司
地　　址　106台北市安和路2段213號4樓
電　　話　(02) 2377-4155
傳　　真　(02) 2377-4355
E-mail　service@sanyau.com.tw
郵政劃撥　05844889 三友圖書有限公司

總 經 銷　大和書報圖書股份有限公司
地　　址　新北市新莊區五工五路2號
電　　話　(02) 8990-2588
傳　　真　(02) 2299-7900

製版印刷　卡樂彩色製版印刷有限公司

初　　版　2021年03月
定　　價　新臺幣488元
ＩＳＢＮ　978-986-364-176-6（平裝）

國家圖書館出版品預行編目(CIP)資料

新手零失敗!一次學會人氣常溫蛋糕基礎＆裝飾變化：11種糕體變化╳裝飾技巧╳夾餡淋面，成功做出瑪德蓮、費南雪、磅蛋糕、咕咕霍夫、鬆餅、烏比派……等，50款超人氣歐美常溫蛋糕 / 郭士弘作. -- 初版. -- 臺北市：橘子文化事業有限公司, 2021.03
　面；　公分
ISBN 978-986-364-176-6(平裝)

1.點心食譜
427.16　　　　　110000884

嘉禾牌
通過SQF食安最高等級驗證
無添加物 最安心的頂級麵粉
嘉禾牌
CHIAHE FLOUR
高筋麵粉
BREAD FLOUR
中筋粉心麵粉
ALL PURPOSE FLOUR
低筋粉心麵粉
CAKE FLOUR
MADE IN TAIWAN
完全無添加
完全無漂白
高
中
低
500g 17.6oz
台灣第一家麵粉廠 通過SQF最高等級 食品安全及品質驗證
嘉禾牌 500g麵粉
更多食譜 請上嘉禾牌臉書
嘉禾牌

家庭烘焙房

13種麵團教你在家做出天然饅頭包子花捲：
免記複雜配方、無人工色素安心吃，學會13種彩色麵團X15種好吃餡料，
從揉麵、手法到蒸製，完整而專業的全面教學！

作者：陳麒文／攝影：蕭維剛
定價：488元
縮短製程、配方簡單好吃、無人工色素！只要學會13種彩色麵團、15種好吃甜鹹餡，零基礎就能做出多樣化、色彩繽紛的饅頭包子花捲！

港點小王子鄭元勳的伴手禮點心：
網紅甜點、節慶糕點，從蛋糕、蛋捲、糖酥餅、檸檬塔到蛋黃酥、
鳳梨酥、老婆餅……，一本學會

作者：鄭元勳／攝影：楊志雄
定價：399元
精緻的戚風蛋糕、黑糖糕，還有傳統的老婆餅和鳳梨酥，集結各種經典不敗、高人氣網紅點心，讓你逢年過節拿出手，好吃好相送！

馬芬杯的60道高人氣日常點心：
1種烤模做出餐包X蛋糕X餅乾X派塔

作者：蘇凱莉
定價：380元
準備好一只馬芬烤模，就能輕鬆變化60種高人氣點心！從早餐餐包到優雅布朗尼、清爽時蔬烘蛋，不只豐富多變，更要美味健康！

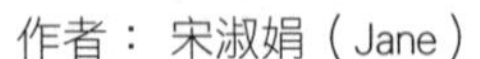

餅乾小禮盒：
10類經典餅乾X57種甜蜜滋味X禮盒包裝示範

作者： 宋淑娟（Jane）
定價：380元
最受歡迎的曲奇餅、奶油酥餅、蛋白餅、莎布蕾。詳細步驟示範，加上禮盒包裝示範，烘焙新手也能做出好吃又好看的禮物餅乾。

小烤箱的低醣低碳甜點：
餅乾X派塔X吐司X蛋糕X新手必備的第一本書

作者：陳裕智／攝影：楊志雄
定價：360元
會做無負擔的低醣點心，不只是餅乾、蛋糕甜點，還有鹹點蔥油餅和胡椒酥餅……Step by Step跟著萬人社團團長——智姐，新手也能輕鬆上手。

造型饅頭：
新手也能做出超萌饅頭

作者：許毓仁／攝影：楊志雄
定價：450元
從基礎塑型到進階組裝，跟著詳盡的圖解步驟，Step by Step輕鬆做出40款卡哇伊造型饅頭，一起走進萌萌的饅頭世界！

地址： 縣/市 鄉/鎮/市/區 路/街

段 巷 弄 號 樓

廣 告 回 函
台北郵局登記證
台北廣字第2780 號

三友圖書有限公司 收

SANYAU PUBLISHING CO., LTD.

106 台北市安和路2段213號4樓

「填妥本回函，寄回本社」，
即可免費獲得好好刊。

\ 紛絲招募歡迎加入 /

臉書／痞客邦搜尋
「四塊玉文創／橘子文化／食為天文創
三友圖書——微胖男女編輯社」
加入將優先得到出版社提供的相關
優惠、新書活動等好康訊息。

四塊玉文創×橘子文化×食為天文創×旗林文化
http://www.ju-zi.com.tw
https://www.facebook.com/comehomelife

親愛的讀者：

感謝您購買《新手零失敗！一次學會人氣常溫蛋糕基礎&裝飾變化：11種糕體變化╳裝飾技巧╳夾餡淋面，成功做出瑪德蓮、費南雪、磅蛋糕、咕咕霍夫、鬆餅、烏比派……等，50款超人氣歐美常溫蛋糕》一書，為感謝您對本書的支持與愛護，只要填妥本回函，並寄回本社，即可成為三友圖書會員，將定期提供新書資訊及各種優惠給您。

姓名＿＿＿＿＿＿＿＿ 出生年月日＿＿＿＿＿＿＿＿
電話＿＿＿＿＿＿＿＿ E-mail＿＿＿＿＿＿＿＿
通訊地址＿＿＿＿＿＿＿＿
臉書帳號＿＿＿＿＿＿＿＿
部落格名稱＿＿＿＿＿＿＿＿

1 年齡
□18歲以下 □19歲～25歲 □26歲～35歲 □36歲～45歲 □46歲～55歲
□56歲～65歲 □66歲～75歲 □76歲～85歲 □86歲以上

2 職業
□軍公教 □工 □商 □自由業 □服務業 □農林漁牧業 □家管 □學生
□其他＿＿＿＿＿＿＿＿

3 您從何處購得本書？
□博客來 □金石堂網書 □讀冊 □誠品網書 □其他＿＿＿＿＿＿＿＿
□實體書店＿＿＿＿＿＿＿＿

4 您從何處得知本書？
□博客來 □金石堂網書 □讀冊 □誠品網書 □其他＿＿＿＿＿＿＿＿
□實體書店＿＿＿＿＿＿＿＿ □FB（四塊玉文創／橘子文化／食為天文創 三友圖書——微胖男女編輯社）
□好好刊（雙月刊） □朋友推薦 □廣播媒體

5 您購買本書的因素有哪些？（可複選）
□作者 □內容 □圖片 □版面編排 □其他＿＿＿＿＿＿＿＿

6 您覺得本書的封面設計如何？
□非常滿意 □滿意 □普通 □很差 □其他＿＿＿＿＿＿＿＿

7 非常感謝您購買此書，您還對哪些主題有興趣？（可複選）
□中西食譜 □點心烘焙 □飲品類 □旅遊 □養生保健 □瘦身美妝 □手作 □寵物
□商業理財 □心靈療癒 □小說 □繪本 □其他＿＿＿＿＿＿＿＿

8 您每個月的購書預算為多少金額？
□1,000元以下 □1,001～2,000元 □2,001～3,000元 □3,001～4,000元
□4,001～5,000元 □5,001元以上

9 若出版的書籍搭配贈品活動，您比較喜歡哪一類型的贈品？（可選2種）
□食品調味類 □鍋具類 □家電用品類 □書籍類 □生活用品類 □DIY手作類
□交通票券類 □展演活動票券類 □其他＿＿＿＿＿＿＿＿

10 您認為本書尚需改進之處？以及對我們的意見？
＿＿＿＿＿＿＿＿

感謝您的填寫，
您寶貴的建議是我們進步的動力！